タンザニア滞在記

Elimu haina mwisho

JICA海外協力隊としてアフリカに赴く

稲見廣政 INAMI Hiromasa

文芸社

はじめに

私は開発途上国への国際協力を行う機構である、ＪＩＣＡ（ジャイカ：独立行政法人国際協力機構）の青年海外協力隊（現在の名称はＪＩＣＡ海外協力隊）として、23歳からタンザニアへ赴きました。

ＪＩＣＡから派遣された隊員は、現地の人々と共に生活し、途上国の課題解決に取り組みます。

私に任せられた仕事は自動車整備を現地の方々に教える、というものでした。しかしのちに現地で自動車整備士の技術者養成学校の建設をし、運営を任されるというところまで広がっていきました。合計で9年間の仕事です。

さらにいったん帰国したあともＪＩＣＡのスタッフとして各地で働きました。機械関連の技術を生かせる場があること、さらには持てる技術を後進に伝えていけることこそが醍醐味でした。

これまでの人生の多くの年月を費やし、海外での仕事に明け暮れた私です。貴重な経験や思い出がたくさんあります。

志を持って進んだ道。あれから数十年のときを経て、あらためて当時の思いを綴ってみることにしました。

タンザニアのことを少しでも伝えられれば幸いです。

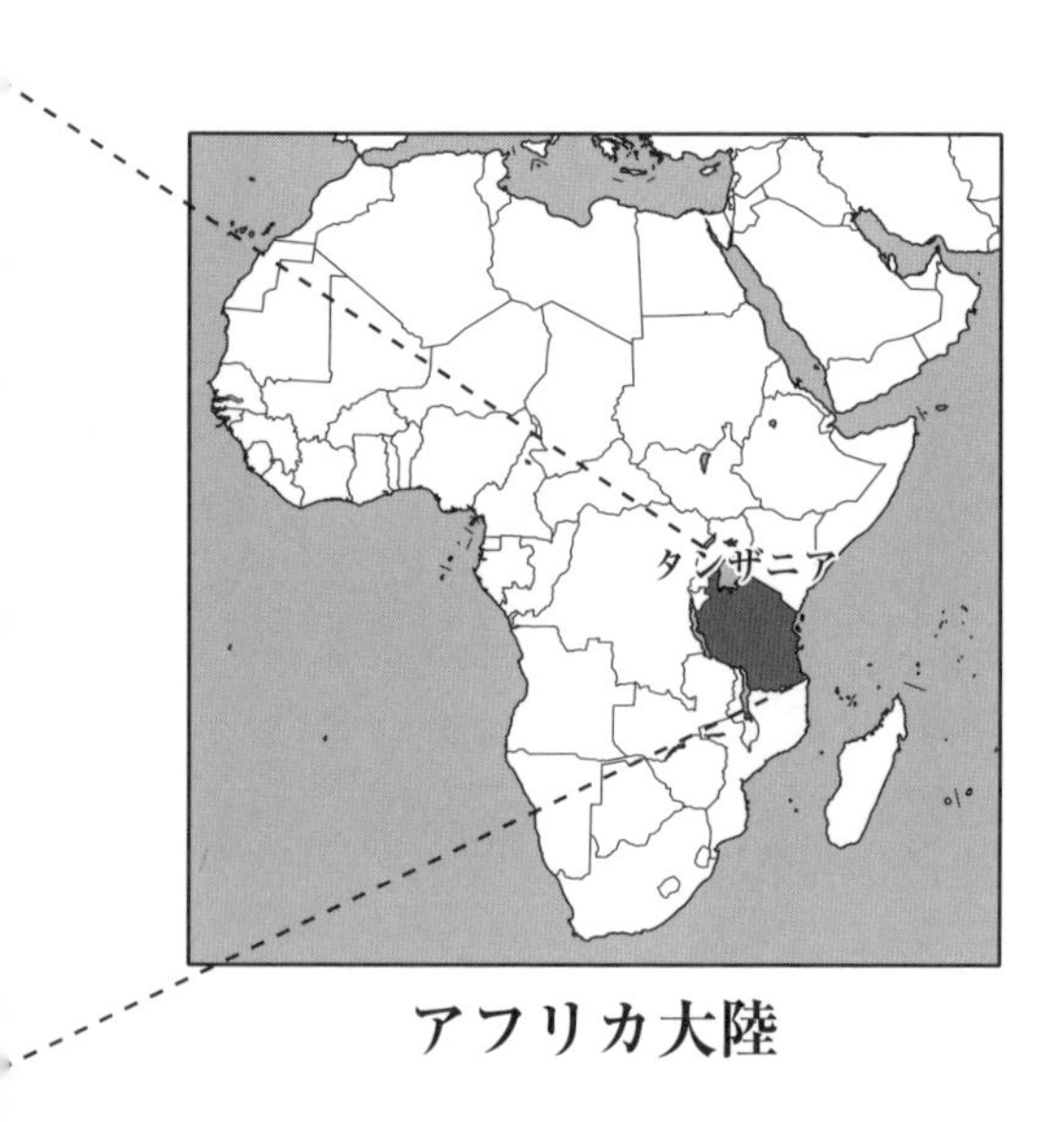

アフリカ大陸

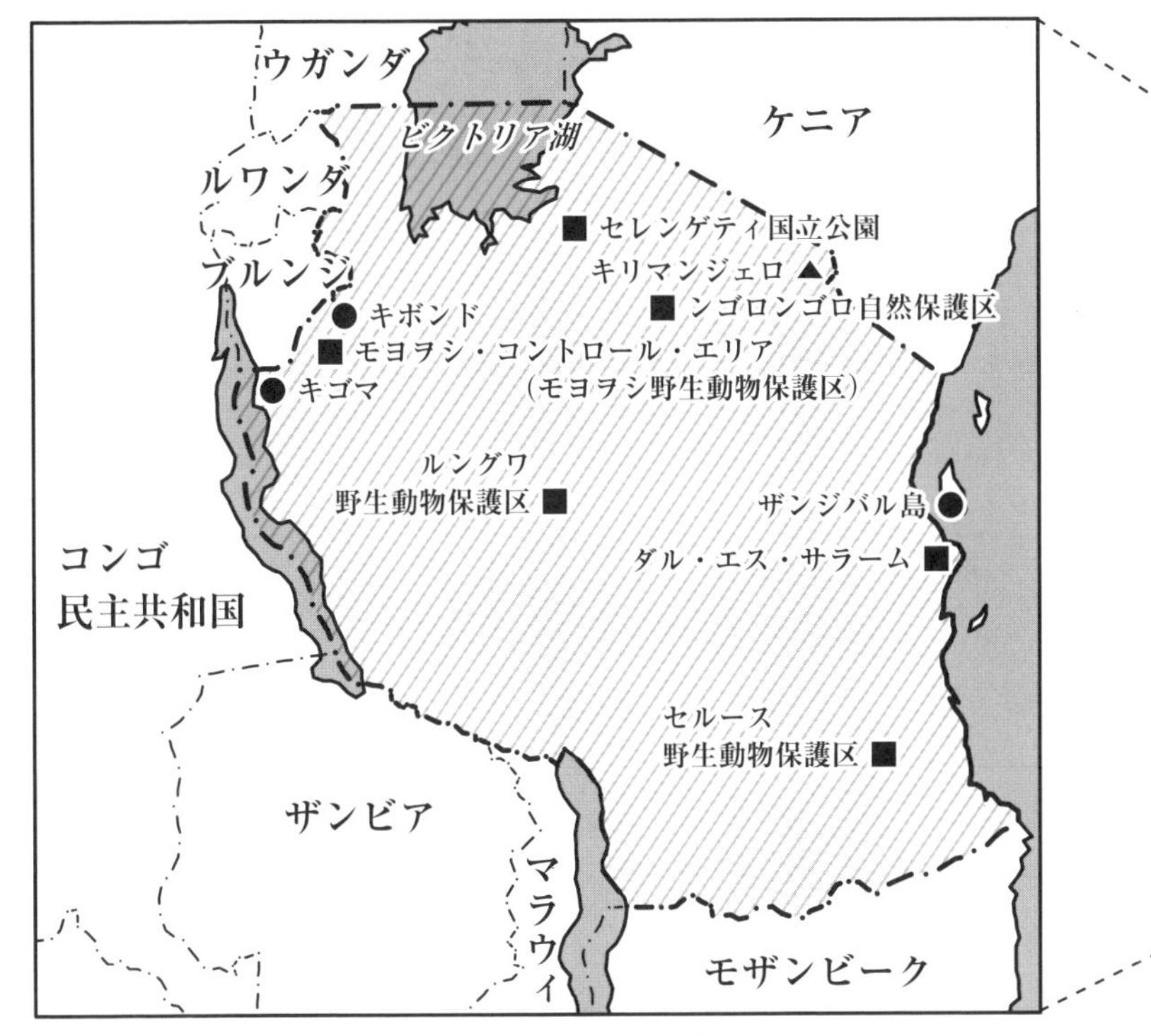
ウガンダ
ケニア
ビクトリア湖
ルワンダ
セレンゲティ国立公園
キリマンジェロ
ブルンジ
キボンド
ンゴロンゴロ自然保護区
モヨヲシ・コントロール・エリア
（モヨヲシ野生動物保護区）
キゴマ
ルングワ
野生動物保護区
ザンジバル島
コンゴ
民主共和国
ダル・エス・サラーム
セルース
野生動物保護区
ザンビア
マラウィ
モザンビーク

タンザニア連合共和国

目次

アフリカで出会った野生動物

第5章　タンザニアの整備士養成をスタート……115

第6章　個別専門家として再びタンザニアへ

第1章

自動車整備士を目指した青年期

◆子どもの頃のこと

アフリカに赴く前の私のことをお話しすることで、私の仕事をより深く知っていただけると思いますので、少しだけ私のことをお話しします。

私が子どもの頃はまだものの少ない時代。おもちゃなども買ってもらえなかったので、私は何でも自分で工夫して作ってしまう子供でした。「ないのなら自分で作ってしまおう」という発想が当時から私にはあったのだと思います。

実家は青森なので冬になればスキーやそりを作って遊んでいました。

その頃は竹を素材にしていました。スキーなどはよく滑るように先端部分をロウソクで熱した上で反らせていきました。工夫して入念にもの作りをするスタイルはその後の私の機械や建築好きにつながっていると思います。ふとアイデアが思いついたら無性に実行してみたくなる、そんな子供時代を過ごしました。

中学生になると本格的にもの作りが好きになりました。それもあって学校では工作クラブに入ったのです。ここでもいろいろなアイデアを形にしていく楽しさを体感しました。

工作の展示会などもあって、私は〝オリジナルのちりとり〟を考案して出展しました。このちりとりはゴミを受ける部分に段差を付けて、いったん入ったゴミが外に出てしまわないようにと工夫した構造でした。中学生のアイデアとしては悪くない作品だったと今でも思っています。

当時は遊びの延長や学校の課題でものを作っていた私でしたが、ちょっとした転機が訪れました。ある日のこと、工作好きの中学生が町内にいることを聞きつけて、地域の大工さんが我が家にやって来たことがありました。「私の弟子（でし）になって大工にならないか？」と誘われたのです。もの作りには強い興味がありましたが、中学生の私は「これからの時代は木工じゃない、機械の時代になる」と思っていました。そのため結局お断りしましたが、この弟子へのお誘いがあったことをきっかけにして、自分の将来を真剣に考えることになりました。そして、金属を扱う〝機械の世界〟に進みたいと強く思うようになったのです。

しかし、進路はすぐには明確にならず、高校は普通科に進もうと思いました。その後も具体的にどんな方向に進むのか、どんな仕事がしたいのか、自分自身の将来像が定まらない時期が続きました。

そんなある日のこと、自宅の居間に掲げられていた日めくりカレンダーの格言にヒントをもらいました。そこには「苦労は買ってでもしろ」と書かれていたのです。これを見たときにぱっと将来が開けた気がしました。この言葉はその後も自分の指針になるもので、今も大切にしている言葉になりました。

カレンダーの言葉を受けて、私は高校進学を急遽取りやめにして機械関連の技術者の道に進むことにしました。当初は飛行機の整備を考えたのですが、専門の学校に行くにはかなりの学費や下宿費用がかかってしまいます。そこで自動車整備士になることを考えました。

幸い本家には自動車があり、冷却水の入れ替えなどは伯父さんたちの手伝いとしてすでに行っていました。当時はラジエター用の不凍液がなかったので、冷却水は毎日入れ替えないといけなかったのです。また寒い冬の朝などはエンジンのオイルパンを炭火で温めてからエンジンをかけるという作業も必要でした。これも本家の手伝いとして私が行っていたのでした。

本家で自動車にかかわることがあったため、より専門的な技術を磨いて自動車整備士になりたいと思ったのです。

◆職業訓練所で自動車整備を学ぶ

自動車整備士になることを目標に定めた私は、職業訓練所に進みました。授業ではエンジンの分解をはじめ多岐にわたる技術を学んでいきました。ここでの勉強は後々の私の人生に大きく役立つことになります。職業訓練所での毎日の授業は本当に面白くて、授業に没頭して勉強したのを今でも覚えています。その頃は、まさに自分にぴったりの進路を見つけだしたという喜びに満ちていました。

卒業する頃には3級自動車整備士の免許を取得していました。学生としては自動車整備に関してかなりの技術と知識を持っていたと思います。そして就職の時期になり、進路を考える段階になります。

自動車整備士というと、一般的にすぐ思いつくのが大手の自動車ディーラーに勤めることです。ですが、私はそれが嫌でした。

大手メーカーのディーラーは、もちろん自社のクルマの整備を主に行います。他社のクルマを扱うことはほぼありません。そこでの毎日の仕事は、同じメーカーの同じような車種を毎日毎日整備していくのだと想像したのです。それはどうにも面白くなさそうでした。私としてはいろいろなメーカーの、いろいろな車種を整備し、修理することを望んでいました。

そんな思いがあり、私は街の小さな自動車整備工場をあえて選んで入社することにしたのです。

しかしその自動車整備工場に入ってみると最初にビックリしました。すぐ主作業でエンジン分解担当になったのです。もちろん学校で習ってきている私はエンジンの分解は何度も経験してひととおりのことはできました。そこでその工場では「エンジンの分解整備は稲見がやってくれ」と任されるようになったのです。工場の工賃の高い仕事に従事でき、責任のある仕事をする者として私に白羽の矢が立ったことに驚きました。一生懸命に学校の授業で整備について学んで覚え込んできたことをすぐに発揮することができるので、うれしく思いました。

ところで、その当時は自動車整備士が独自の技術を発揮する作業がまだたくさんありました。単なるパーツの組み替えではなく、整備士が工夫して修理を行うことが少なくなかったのです。

例えばメタルと呼ばれる軸受けがあるのですが、緩いとガタガタですがキツすぎると軸が回りにくくなってしまいます。そこで絶妙な厚さに仕上げるには最後は手で削って調整していくしかないのです。この作業がコンマ数ミリ以下の微細な世界なのです。このメタルの厚さは測定だけではわからないので指先の感覚を培っていくしかありません。指で触ってその厚みを感じ取るのも当時の整備士の技術のひとつでした。私も少しずつ経験していく中でこれらの職人技を覚え、技術を向上させていきました。

そんなある日、日産製の１０００ccエンジンを搭載した車が故障で入庫してきました。エンジンから異音が出ていてマフラーからは煙も出ていました、またパワーダウンもあったのです。整備工場の見立てでは直る見込みが薄いと言われた重傷でした。しかし私がエンジンの状況を詳しく見たところ直せる可能性があると思いました。そこでシリンダーのボーリングやクランクシャフトの修理などを施して、元通りにエンジンがかかるところまで修理したのです。

すると、私が勤めていた自動車整備工場がその地域でうわさになりました。「あの工場にはひどく傷んでしまったエンジンをしっかり直せる整備士がいるようだ」と話題になっていたのでした。「それほど確かな技術を持っているスタッフがいるならば、修理はあの自動車整備工場に任せたい」という声も日に日に大きくなりました。私自身もクルマのさまざまな整備や修理を思う存分できるこの工場の環境は気に入っていました。

しかし、その頃は自動車整備の変革期でもあったのです。当時勤めていた整備工場も最新の機械をどんどん入れて民間車検場を作るなど新規の設備投資を行っていました。自動車整備工場は新しい時代に差しかかっていたのです、そのための変化についていかなければ淘汰（とうた）される時期でもありました。事実、そこの工場は事業の変革にうまくついていくことができず、程なくして倒産してしまいました。私はこうして1年半で職を失ったのです。

それでも私は自動車整備の仕事を続けていきたかったので、ほかの自動車整備工場に移ることにしました。次に勤めたのは、最初に勤めた自動車整備工場よりもかなり大きな工場でした。漁港の近くにある工場だったこともあり、海産物の運搬用の大型トラックを数多く扱う環境でもありました。

前の工場では乗用車を中心に扱っていましたが、新しい工場ではこれまで経験していない大型のディーゼルエンジンの整備も任せられました。魚を積み込んで青森の漁港から東京に向かうトラックはディーゼルが主でした。さらに溶接などの技術も必要になり、新しく覚えることも増えました。

私はその頃、２級自動車整備士免許も取得して、自動車整備士として工場で受けるほとんどすべての整備、修理作業をこなせるようになっていました。

◆札幌の短大に入る

その工場に勤めて2年半が経った頃、さらにもっと上のレベルの勉強がしたくなってきました。そこで短大に行って自動車整備についてもっと深く学んでいくことにしたのです。今までの４年間と同様に昼間は働いて、夜に学校に行く勤労学生になることを考えました。それにちょうど良い環境・条件だったのが札幌にある自動車の短期大学でした。

私はすぐさま入学の手続きをしました。働きながらの通学なので、仕事は札幌で見つける必要があり、ハローワークに行って仕事探しも始めました。ハローワークの窓口で「青森から来ました」と言うと、なぜだか担当者がすごく親切にしてくれて「良い工場があるから紹介してあげる」とすぐに自動車工場に一緒に出向き、紹介してもらえることになりました。知らない土地でしたが、深い恩を感じました。

その工場で住み込みで働くようになった私は、学校にも通いやすい地域で絶好の環境を得ました。小さな工場でしたが勤労学生にはぴったりの環境だったのです。

3社目となった札幌の工場は、家庭で使う自家用車の整備が主でした。ここでも小さなクルマの整備や技術を覚えていき、自動車整備士としての幅を広げていくことに役立ちました。

ところで、自動車短期大学は自動車整備のことだけではなく、英語や哲学などの一般教養も学ぶ大学でした。これまで自動車整備だけを一生懸命に勉強してきた私でしたが、それらの勉強も後々の人生の中で大きく役立ちました。自動車の知識だけではなく哲学的にものを考えるなど、別の脳の使い方を学んだような気がします。

◆このまま整備士で良いのか？

短期大学で学んだ私は、その後も自動車整備士としてのキャリアを積み重ねていきました。しかし、徐々に「このまま整備士でやっていくだけで良いのか？」と疑問を感じるようにもなっていったのです。

今後の進路として考えられるのは整備工場を持って独立することでした。しかし、自分で工場を経営していくということは、客や取引先とのやりとりが発生します。いわゆる〝商売〟をやる必要があるのです。ずっと技術職一筋でやって来た自分に商売ができるのだろうかと考えると、すぐに向いていないだろう、とわかりました。人付き合いもうまいほうではなく、新しい仕事を取ってくる営業をすることも想像できません。

ここで少し、当時（１９７２年頃）の自動車整備の環境について説明しておいたほうが良いでしょう。前述しましたが、当時の自動車整備業界はまさに「過渡期」でした。それまでは修理と言えば技術を持った職人がエンジンやトランスミッションなどを分解して整備する、壊れた部分は補修して組み上げるという技術職ならではの職人技による仕事をしていました。

しかし整備時間の短縮や効率化のため、徐々にこのような分解整備が減っていったのです。その代わりに登場したのがアッセンブリ交換と呼ばれるものです。これは故障箇所を丸ごと部品交換してしまう手法です。そのため整備士にはそれほど高いレベルの技術力が必要とされません。分解整備の楽しさややりがいを感じていた私は、そんな自動車整備の新しい潮流に魅力を感じていなかったのです。

しかし私は日々の仕事の中ではささやかな楽しみも作っていました。交換した古いほうのパーツを工場内に保管しておき、後日修理していつでも使えるようにしておいたのです。修理した中古パーツを在庫にすることで、次にやって来た修理の依頼にスピーディに応えることができるというアイデアでした。これは今では「リビルド」という手法で一般的になっていますが、当時はまだ存在していませんでした。それを自分で考えていち早く対応していたのです。日常業務だけでは飽き足りなくなっていた私は、自分の技術を生かせる場を自分で確保していたのでした。

また作業効率を高めるために特殊工具を作ることにも没頭しました。使いやすい形状の工具を工夫して作ることも楽しい作業でした。中古パーツの分解修理をすることや特殊工具を自らのアイデアで作ることで、単なる部品交換になりつつあった自動車整備士の日常作業の鬱憤を紛らわせていたのだと思います。

そんな中、転機がありました。何か将来のヒントはないかとふらりと図書館に出かけたときに、そこでたまたま見つけたのが、ＪＩＣＡが発行している『若い力』（現在の誌名は『クロスロード』）だったのです。

そこには、青年海外協力隊のさまざまな活動の様子が掲載されていました。中でも日本人がアフリカに渡って日本の技術をアフリカの人々に伝えていることが紹介されており、興味を持ちました。日本人がボランティアによって技術を世界に広めていることを、この本を見てはじめて知ったのです。そして「私も世界中の後進のために役立ちたい」と思ったのです。

青年海外協力隊のこともその頃はまだ詳しく知っていたわけではありませんでした。ただ私は、もともと人に教えることが好きだったからか、その活動にすぐに共感したのです。一時期は学校の教員になることも真剣に考えていた時期もあったほどですから、技術を伝えることもできると思いました。

こうして「ボランティアは苦労しそうだけど〝やりがい〟がありそうだ」と直感的に思い、一気に目標を定めたのでした。

アフリカで出会った野生動物

◆その1　ライオン

アフリカに長く派遣されていた私は、多くの野生動物を見てきました。特にタンザニアの野生動物保護区での活動では周囲に数多くの野生動物がいたので、常に彼らの習性を見たり体験したりしてきたのです。そんな、野生動物についてのお話をここでしたいと思います。

最初にお話するのはライオンです。

百獣の王と呼ばれるライオンなので、さぞかし獰猛(どうもう)で怖い動物だと想像していたのですが、近くで接してみると案外用心深い動物だということがわかります。

タンザニアのサバンナをクルマで走っていたときのこと、被っていた帽子を誤って風で飛ばされてしまったことがありました。すぐにクルマを止めると、たまたますぐ近くにライオンがいたのです。こちらはもちろん慌てました。でも、すぐにライオンのほうから逃げていくのです。威嚇(いかく)してくるわけでもなく、です。

クルマから離れていくライオンを見ながが

ら、臨戦態勢じゃないライオンはそんなに人を襲ったりしないのだということを体感しました。狩りをせず休んでいるときのライオンは用心深く、率先して争いを好むような動物ではないのです。

またあるときには作業中にライオンに囲まれてしまったことがありました。それはモヨヲシのサバンナの真ん中に道路を作る仕事をしている最中のことです。工事中はキャンプ地で寝泊まりしていたのですが、その日はバッファローのハンティングをして肉を保存するために木の上に置いて、下からあぶったものを干していたのです。その臭いをかぎつけたライオンが夜中にやって来ました。主キャンプ地からは遠く離れた場所でのことでした。

私はすっかり眠っていたのですが、保存肉を作っていた仲間の一人の「イナミ、ライオンが出た！」という声で飛び起きました。見るとライオンが10頭以上キャンプ地のまわりに集まり、目をギラギラと光らせていました。このときは命に関わると思い、持っていたライフル銃をどーんと一発撃ちました。するとライオンたちは驚いてすぐに逃げていきました。その後、ライオンは二度とキャンプ地に近づいてはきませんでした。

私はタンザニアのサバンナで夜に何度と

なくライオンのうなり声を聞きました。それは「ン〜〜」という独特の声です。ほかの動物が上げるうなり声のどれとともまったく違う声で独特の違和感を覚えます。五臓六腑がかき回されるような声と表現してもいいくらい、恐怖感も覚える声です。人間以外にとってもこのうなり声は怖いようで、人に聞いた話ですが、犬もその声を聞いて小便を漏らしていたそうです。

尚、ライオンは大きなものは襲いません。例えばクルマやテントなどの大きな物体があると、基本は向こうからは近づいてこないのです。これは想像なのですが、ライオンは大きなものはすべて得体の知れない大きな生き物と勘違いしているのだと思います。

◆その2 インパラ

インパラもタンザニアには数多くいる野生動物です。かつてハンティングをしたことがあるのですが、手負いになったインパラにとどめを刺せなかったことがありました。

撃たれたあと、インパラの仲間の群れがやって来て、手負いになったインパラを群れの中に隠しました。まさに仲間を守るようにして。そのまま手負いのインパラは群れと一緒に移動して逃げていきました。群れなので、こちらからはどのインパラが手負いかわかりません。そのうちインパラの群れは二手に分かれ、ますますどちらに逃げたのかがわからなくなりました。インパラの賢い集団戦術を知ったエピソードです。

第2章

技術が生かせる場所、タンザニアへ

◆青年海外協力隊への道

海外でのボランティアに強い興味を持った私は、22歳のとき、青年海外協力隊に応募しました。ここに採用されることで海外でのボランティアへの道が開けます。自分のこれまで培った技術を生かすため「自動車整備」の部門を選びました。

しかし結論から言うと、このときの応募は一次審査で不合格となってしまいます。私はそのことにどうしても納得がいきませんでした。すでに整備士として実践を積んできた私は技術的には不足はないはずです。不合格になってしまう理由が見当たりませんでした。

そこでＪＩＣＡに不合格になった理由を問い合わせに行くことにしました。ＪＩＣＡでは担当者が対応してくれて、経緯を説明してもらいました。結論から言うと「年齢面でまだ若いから」という理由とのこと。

それならばまだまだチャンスはあると感じ、私は次回もめげずに応募しました。すると次回の応募で見事合格することができたのです。

こうして念願の青年海外協力隊に参加できることになりました。私の海外への夢はこうしてスタートを切ることができたのでした。

◆タンザニアへの派遣が決まる

青年海外協力隊に合格したとはいえ、どのような地域にどんな形で派遣されるのかは当時の私はわかっていませんでした。すると、後日になって「タンザニアへの派遣が決まりました」という連絡が来たのです。

当時の青年海外協力隊は農業や教員での派遣が多く、自動車整備で派遣される人員はごく少数でした。しかも自動車整備に関する依頼は自動車整備の技術が遅れているアフリカが多かったようです。

私が合格した年、タンザニアの自動車整備で同じく合格したメンバーは計３人でした。中でも23歳だった私は最年少でした。

若い私は、飛行機に乗るのも初めて、海外に行くのも初めてです。しかし期待で胸がいっぱいで、すべての問題に対して「なんとかなる」と楽観的に考えられました。私の性格から来るところだと思いますが、常に前向きに考えることをモットーにしており、この性格はその後も私を助けることになります。

タンザニアへの派遣は2年間の予定でした。まずは赴任先となるタンザニアのモヨヲシと呼ばれる地域に行くことになったと知らされました。ただ、それがどのような場所なのかは当時の私には知るよしもありません。


青年海外協力隊への参加に関する準備で大切なことのひとつに、「まわりの人々への説明」がありました。

まずは当時働いていた札幌の自動車整備工場の社長に話をしたのですが、「実はいずれ稲見君に会社を譲りたいと思っていた。どうにか会社に残ってくれないか？」と言われたときにはびっくりしました。ですがとても嬉しかったのも覚えています。

私はじっくりとていねいに私の思いを社長に話しました。自動車整備への思い、将来について、整備作業のやりがいなど、さまざまな話をすると社長もようやくわかってくれて「だったら行ってこい！」と背中を押してくれることになりました。こうして会社も円満に退社して目的に向かっていけることが決まりました。青函（せいかん）連絡船のドラの音を聞き、北海道を離れるときはとても感慨深い思いがしました。

次に報告をしたのは両親でした。母はアフリカが世界のどのあたりの地域なのかさえも理解していませんでした。当時の日本の人々はそれほど海外の地理には詳しくなかったのです。

あとからわかることなのですが、当時母は私が〝アメリカ〟に行っているのだと思っていたようです。まだ海外＝アメリカだと思う人も多い時代でした。

何年かあと、海外の日本人ボランティアを特集した番組に私が出演しているのを見て、母はやっと私がアフリカにいることを知ったそうです。

放映されたテレビ番組を楽しんで見てくれた祖母は、番組に映っている私を見た1週間後に亡くなったと聞きました。地元では大きな名家の娘だった祖母は上品で優しい人でした。小さい頃の私はおばあちゃん子だったので、すごく悲しい出来事でした。

◆アフリカ行きの訓練が始まる

アフリカへの派遣が決まったといっても、いきなり現地に行ってボランティア活動ができるわけではありません。ＪＩＣＡではメンバーを集めてさまざまな訓練を実施していました。期間は3か月。このときには派遣が決まった約１００名のメンバーが集まりました。

当時はまだ世間的に青年海外協力隊がどんなものなのかが知られていなかったのもあって、実は私の家族は海外に行くことをとても心配しました。これもあとから知ったことなのですが、両親が叔父さんに頼んでこっそりＪＩＣＡの訓練所に行ってもらい、さりげなくどんな団体なのかを調べたそうなのです。

さて、訓練では海外に派遣された際に知っておくべき知識や海外での心得、行動などを教えられます。地域に合わせた予防接種も受けました。さらに体力を付けるためにランニングをするのも日課でした。語学を学ぶほか、派遣先での独特な生活習慣も教えられます。サバイバル的な要素も多く、まず大切なのは水の確保と教えられました。

ボランティアの先輩の話を聞く機会もありました。現地での苦労話や人々との交流など、行った人にしかわからないエピソードを聞け、現地での生活を思い描くのに良い経験でした。また各方面の著名人や学者なども講演にやって来ました。こちらも普段は聞けない話を聞けるので、勉強になりました。

訓練の1日は朝に国旗を掲げることから始まるのも印象的でした。日本から海外に派遣されて活動することを強く意識するのはそんなときでもあります。

　これらの訓練や講習を経て徐々にＪＩＣＡでの派遣についてよく知ることになります。意識も高まっていくので、とても意味のある訓練でした。

◆訓練所での出来事

　ＪＩＣＡの訓練中は、東京の広尾で寮生活をしました。私はアフリカへの派遣でしたが、ほかにも東南アジアや南アメリカなど、国を問わず1箇所に集まっての訓練でした。寮はひとつの大部屋で25人程度が共同生活をすることになっていました。思いを同じにする若者たちが集まっていることもあり、自ずと何をするにもみんなが一緒で仲間意識も生まれていきました。

　休暇の日になると東京在住のメンバーが地元のいろいろなところへ連れていってくれるようになりました。特別な場所に行くのではなく、仲間がもともと働いていた会社に行ったり、繁華街を歩いたりするだけですが、それまで東京という大都会はほとんど経験したことがなかったので、いずれもとても新鮮な体験でした。

当時、東京の空はスモッグでかすんでいました。東京は空気が汚れている、と思ったのはそのときです。しかし場所によっては遠くに富士山が見えたこともあります。大都会から見る美しい富士山の姿には心が洗われるようで、これからがんばろうという決意を新たにしました。

私がＪＩＣＡで訓練を受けたのは１９７２年のことです。この年は浅間山荘事件や沖縄返還（沖縄本土復帰）、札幌の冬季オリンピック開催、さらには田中角栄内閣の発足、日中国交回復、それに残留日本兵の横井庄一さんの日本への帰国などがあった年です。

多くのビッグニュースがテレビを賑(にぎ)わしていたこの年は、新しい時代の幕開けとともに、まだまだ引きずっていた戦後の日本との転換期でもありました。

アフリカで出会った野生動物

◆その3　ニャメラ（トピー）

現地ではニャメラと呼ばれる野生動物がいます。現地の野生動物保護官には、自然保護区の中でも自分たちが食べる分の一定数のハンティングが認められていました。なぜならサバンナには店等がなく、そうしないと食料がないからです。ニャメラはハンティングが認められている動物の一種でした。

私は４頭の小さな群れにいる１頭を撃ったことがあります。残りのニャメラは逃げていきました。私が撃ちとったニャメラに近づいてとどめを刺そうとしたとき、倒れているニャメラの目から大粒の涙がこぼれるのを見ました。私たちも生きるためには食わざるを得ません。しかし、動物が死を悟ったときの表情を私はまだ忘れられません。

◆その4　ハイエナ

ハイエナもサバンナではよく見かける動物の一種です。夜になると私たちが居留しているテントのそばにやって来ることがありました。

あるときに、テントのそばに、狩りをしてさばいた動物の皮をぴんと張って乾かしていたことがありました。それをかぎつけたのがハイエナでした。動物のにおいがもちろん残っていたのでしょう、夜の間にその皮は持っていかれてしまいました。

同じように、鍋で動物の肉を煮たり焼いたりして、食べ残しをそのままにしておいたときには、夜の間にハイエナがやって来て持っていかれることが何度もありました。

第3章

タンザニアのモヨヲシ地区へ赴任する

◆派遣先が決まる。モヨヲシってどこ？

ＪＩＣＡの訓練は順調に進みました。私は派遣先となるタンザニアのモヨヲシ地区のことをいろいろと学びました。

モヨヲシ・コントロール・エリアとは野生動物保護区であり、東京23区の約10倍の面積がある地区です。野生動物を保護する目的があるため関係者以外の居住は禁止されているエリアでもあります。

このエリアは今でこそ地図にも掲載されているのですが、当時は地図にも表記がなく「このあたりがモヨヲシ地区です」とおおまかに教えられるだけでした。いろいろな文献も読んだのですが、モヨヲシ地区のことが書かれている書物はなく、地域については、ほとんど事前情報を知る術がありませんでした。

できることならば訓練の期間中にある程度モヨヲシのことを知って、準備をしてから出かけたいと思っていたのですが、それもままならないうちに訓練も終わり派遣先への出発の日がやって来ました。

地図にも出ていない僻地への派遣で私自身も不安でした。しかもモヨヲシ地区までの移動は長時間におよぶものでした。日本を出発するとインドを経由して、セーシェル、ナイロビと飛行機を乗り継いで移動します。さらにナイロビからタンザニアへと向かう飛行機に乗るのです。

タンザニアに着くと、さらに国内を陸路でモヨヲシ地区に向かいます。この距離がなんと1500キロもありました。日本に置き換えると、だいたい東京から那覇くらいまでのはてしない距離です。その間はずっとクルマでの移動になるのですが、道なき道も含めて道路が整備されていない地区も多く、移動するのにまる3日間を要しました。

到着するまでに早くも遠大な旅をこなしたという感覚でした。

◆タンザニアでの組織の一員になる

話は少し前後するのですが、タンザニアに到着したらまずは現地のJICAの事務所に向かいました。ここでタンザニアでの役割が詳しく告げられることになります。事務所で紹介されたのが現地の担当者であるテンゲネイザーさんでした。ここから私のタンザニアでの活動をともに過ごしてくれる現地スタッフの長でした。テンゲネイザーさんは現地でのボランティア活動の相棒でもあり、同時に上司としての役割も持つ人物です。タンザニアのさまざまな面を教えてくれる大切な仲間になりました。

ＪＩＣＡの事務所からモヨヲシ地区に移動するためには、もちろんクルマが必要なのですが、ＪＩＣＡでは日本製のオフロード車が用意してありました。トヨタのランドクルーザーです。しかもピカピカの新車だったのには少し驚きました。このクルマは日本がタンザニアに向けて支援した物資のひとつです。日本からの支援がここまで届いていたのです。

ここで、当時のタンザニアでのクルマ事情を少しお話ししておきましょう。

当時のアフリカではイギリス製のランドローバーと呼ばれる車種が主流でした。それに対抗して日本から送り込まれたのがランドクルーザーでした。

一説ではランドローバーに対してランド（陸）のクルーザー（巡洋艦）というネーミングをし、その車名にはランドローバーを凌駕（りょうが）していくという意味が込められていたのだそうです。車名からしてアフリカを席巻していたランドローバーに対抗する技術力を高らかにアピールしていたのでしょう。これも現地で働く日本人としては誇らしく思えたのでした。

◆1500キロの移動が始まった

モヨヲシ地区までの移動はテンゲネイザーさんとペアで行動することになっていました。その際にクルマの運転はすべて私が行いました。アフリカでのクルマの運転は初めてだったのもあって、もちろん最初は少し不慣れな部分もありましたが、クルマの運転には慣れていたのですぐに快適なクルマ移動が行えるようになりました。

3日間にわたる移動になりました。テンゲネイザーさんは英語も話せたのでなんとか会話が成り立ちました。移動中も現地のことやモヨヲシでの役割など、事前に知っておきたいことなどをクルマの中で聞くことができました。まだスワヒリ語がおぼつかない私には、英語での会話は助けになりました。

クルマの移動中に雑談も含めてすっかりテンゲネイザーさんとも打ち解けて、良い関係を作った上でモヨヲシ地区に入れたのも私としては心強いことでした。

ここで少しテンゲネイザーさんについて紹介しておきましょう。私と同年代の彼は野生

プロジェクトのボス、テンゲネイザーさん

動物管理大学を出て、普段は野生動物を保護する仕事を担っている現地スタッフです。さらに彼が担っている仕事は幅広く、例えば道路を作ったり飛行場を建設することも任されていました。これらがすべて地域の野生動物の保護を円滑するために必要なものだったのです。

だからこそ、私も動物保護のために必要になるクルマの整備、修理などができる環境で、持てる技術を生かせたのでした。

派遣先となるモヨヲシ地区までの距離は先にも紹介したとおり、ほとんどが悪路です。道路はあるにはありますが日本のように整備された舗装道路ではありません。地面は凸凹でクルマで走り続けるのはひと苦労です。走り続けるだけでも大変なのに、スタック（泥や悪路にタイヤがはまってしまいクルマを動かせなくなること）をしたときの救出に時間を取られたり、さらにはクルマが故障して修理が必要になるなど、すんなりと目的地には着けません。これはタンザニアにいる間中ずっと経験したことです。その環境には次第に慣れてはいきましたが、道路に慣れていなかった初日のドライブはとにかく大変だったのを覚えています。

モヨヲシ地区までの移動では、私がクルマを運転して１日平均して10時間以上は走りました。しかし平均速度はせいぜい時速50キロ程度しか出せません。行けども行けども目的地に着かないという精神的にも疲れる状況でした。タンザニアへ入国して現地訓練を終え、こんな過酷な環境に投げだされたのです。

しかし、不安もありましたが不思議とすぐに順応していけました。テンゲネイザーさんとの関係性があったからだと思います。

◆タンザニアの道路事情とトラブル回避法

モヨヲシまでの最初のドライブについて紹介しましたが、ここで少しタンザニアの道路事情について紹介しておきましょう。先にも書いたとおり、タンザニアは道路がほとんど整備されていませんでした。もちろん多くのエリアでは未舗装路が延々と続き、路面の凹凸や轍（わだち）などもひどい部分が多かったのです。またタンザニアの道路は雨期が来ると泥のようなぐちゃぐちゃの状態になってしまうのも特徴でした。これがただでさえ走りにくい道路を一層走りにくくしました。

その様子はまるで私がタンザニアに来る前にいた札幌の雪解けの路面に似ていました。ぬかるんでハンドルを取られたり、タイヤがスリップしたり、よほど運転に慣れていないとスムーズにドライブさえできませんでした。

クルマで移動する際にはジャッキやスコップなどは常に積み込んでいます。これらはスタックしてしまったり身動きできなくなったときに、クルマを自らがレスキューするため

雨期の道は道路がドロドロに

です。誰も助けてくれないので自分ですべてをやるしかないのです。
　さらに鉈（現地語ではパンガと呼びます）も常に携行するようになっていきました。これは、クルマが動けなくなった際に、周辺にある木などを切って道路に敷いたりタイヤの間に詰め込んだりしてスタックからの脱出に使うためです。ジャッキやスコップを使っても脱出できないことも多く、徐々に知恵が付いてきた頃に覚えたのがこのスタック脱出方法でした。

　また、川が氾濫して道路がなくなることもあります。そんな場合には渡河できる程度の浅瀬を探して工夫して川を渡っていきま

ときには橋がないこともある

した。しかし特に走行で困ったのは洗濯板状の路面です。クルマが走ると路面が削れて、走るとダンダンダンとクルマが上下に揺すられ、かなりの衝撃を受けるのでクルマにも乗員にもダメージが大きい路面でした。

この洗濯板状の路面を走っていたあるときのことです。かなり過酷な状況で、ついにエンジンを固定しているサポートが折れてしまいました。不幸中の幸いだったのは、4箇所で固定されていたエンジンの中の、1箇所だけが折れたことでした。しかし、そのままでは走ることはできません。そこで折れたサポート部分をロープを使って応急的に締めつけて、なんとか走ることができる状態まで復旧させました。それでも時速30キロ程度しか速度が出せません。ゆっくりゆっくり走ってキャンプ地まで戻ったことを覚えています。

このような過酷な環境下で頻繁に起こるクルマの故障修理は、私がもっとも得意としている分野でした。そのため、タンザニアに行った当初から技術を生かすことはできたのです。

故障やトラブルはいつも想定外のことが起きるものです。その場で修理してクルマを動かせるようにしないとキャンプ地まで帰ることすらできなくなるので、なんとか修理するためのその場での対応力が求められます。

今ある部品や工具でどうすれば走ることができるのか、そんな応急処置のための対処方法や修理のアイデアも、それまで培った私の整備士としての経験も含めての引き出しが役に立ったと思います。

◆到着するとそこはサバンナの真ん中だった

タンザニアに着いてから初めての陸路移動となったモヨヲシ地区への長距離ドライブ。

テンゲネイザーさんと滞在地へと向かう3日間で1500キロを走りきって、ようやくモヨヲシ地区に到着しました。

走行中、おもむろにテンゲネイザーさんが「モヨヲシに着いたよ」と声をかけてきました。しかし見るとそこはサバンナの真ん中。まわりには村らしい建物などは何もありません。ここが本当にモヨヲシなの？　と思っていると小さなテントを見つけました。モヨヲシの設備として唯一あるのが本部になる小屋とテントだけだったのです。村のような集落があると思っていた私の予想は見事に裏切られたのでした。

テントが設営されていた地域はもちろん電気も水道もありません。住居となるテントの近くには乾期でも涸れない川のマラガシ川が流れていて、生活用水全般、洗濯、沐浴もすべて川の水を使って行うことになります。

また本部テントのまわりは見渡す限りのサバンナであり、もちろんライオンやハイエナがいる地域です。野生動物のテリトリーの中にテントを張っているのです。テントが張られていたのはマラガシ川の近くだったのもあって、近くにはカバもいることを確認しました。まさに野生動物の保護官が住むには絶好のキャンプ地だと感じました。

サソリがいるのにも注意しないといけません。そこでサソリ対策のためテントは袋状の

モヨヲシ地区にて

構造になっていて、外からの虫などをテント内に入れない設計になっていました。

第一印象として、野生動物がたくさんいる中でのテント生活は大変だし怖いなと思いました。ここで2年間の任務をまっとうできるのだろうか？　少し不安になりました。

さて、赴任したモヨヲシ・コントロール・エリアは、実際に行ってみると想像を遥かに超えた知る人ぞ知る未開の野生動物保護区でした。

この地区は関係者以外の居住は禁止され、駐留していたのは天然資源観光省野生動物局から限定された国家公務員や、その管理者と現地で雇われたスタッフでした。彼ら

テントの様子（著者画）

は保護区内の野生動物の保護活動、環境整備と付随する業務に従事するために、特別に居住を許可されていたのでした。

◆モヨヲシでの生活スタート

こうして、いよいよモヨヲシでの生活が始まりました。モヨヲシでの生活は日本にいたときとはまったく異なっていました。もちろん、覚悟はしていましたし、想定はしていたのですが、事前の予想を超えていたのです。

そのひとつが水の問題でした。まずきれいな澄んだ水などはどこにもありません。日本のように蛇口（じゃぐち）をひねればきれいな飲み水が流れ出すなんてことはないのです。あるのは近くの川や池にある濁った水だけです。水なしでは人間は生きていけないのでこの濁った水を飲んだり料理に使ったりするしかありません。

自分自身、適応能力は優れているほうだと思ってはいましたが、最初はこの水に苦労しました。しかし、水はそれしかないのだと理解していくと、濁った水も抵抗なく使えるようになっていくものです。

まずは水の洗礼を受けたモヨヲシでの生活。水に慣れてきたのは、ちょうど現地での生活にも馴染(なじ)んできた頃です。

仕事で奥地に行く際にはメインのキャンプ地から水をタンクなどに入れて運びます。活動期間が延びて水を使い切ってしまったときは大変でした。最悪の場合は涸れた川底を掘って、にじみ出てくる水を集めることもありました。ゾウも鼻で川底を掘って水を飲んでいるので、この方法は現地ではごく一般的な方法です。しかし、人間が飲む場合は、消毒のために水をいったん沸騰させる必要がありますし、冷えるまでの時間も必要です。濾(ろ)過器(かき)を使ってもすぐに目詰まりをして効果が薄く、結局、集めた水はそのまま飲むようになってしまいました。

クルマで出かける際にも水には気を配りました。澄んだ水を水筒に入れて持っていくなんてことはできず、現地の人がやっていたのが水の代替品としてサトウキビや椰子（やし）の実を持っていくことでした。

モヨヲシの本部テントのまわりにも野生動物がたくさんいました。モヨヲシへ派遣されてすぐの頃に、夜の静寂を破るライオンやヒョウの不気味な鳴き声を聞いたり、ハイエナが何かを物色する物音や人間そっくりに鳴く笑い声（だと想像できる）なども聞きました。カバが川の中にダイビングするようなドボーンという大きな音を聞き、なかなか眠れなかったこともありました。

任期は2年間。ここで動物たちと共生していけるのだろうかと当初は不安に思ったこともありますが、実際に住み始めるとすぐに動物の中で生活していける人間になり、自信もついてきました。

その自信の根拠になったのは「そもそも野生動物は人間を襲うのだろうか?」という疑問でした。肉食の猛獣にとってタンザニアの環境下では人間よりももっと狩りがしやすい動物がまわりにたくさんいます。インパラなどがその一例です。そんな中でわざわざ人間を襲ってくる意味があるのだろうか?　そう考えたらあまり恐れを感じなくなっていった

川にハシゴで降りて水を汲み、沐浴もする

手に持っているサトウキビは水の代替品の一つ

のです。

これは頭で考えたことではなく、現地に住んで実体験を積み重ねていくうちに自然と感じていったことです。

私はいつのまにか、苦もなく生活が送れるようになっていったのでした。

◆言葉を覚えるのが第一の目標

現地のスタッフとコミュニケーションを取る上で、言葉の問題にもぶち当たりました。タンザニアの主な言語はスワヒリ語です。当時、私はスワヒリ語を話せませんでした。現地のスタッフと密にコミュニケーションを取るためには、スワヒリ語をマスターすることは必須です。

スタッフの中では私はもっとも新米でした。そのため、決まった役割を与えられておらず、日中はたっぷり時間がありました。そこで積極的にキャンプ地にいた現地スタッフに話しかけて、スワヒリ語をマスターすることに努めました。

少しずつ単語も覚えて、3か月程度経つと身振り手振りを交えながらでも周囲のスタッ

言葉によるコミュニケーションの大切さを知った頃

フと会話が通じるようになっていきました。そうなると、一気にタンザニア人とのコミュニケーションも親密になり、作業もスムーズに行うことができるようになっていったのでした。いかに言語が大切かを思い知った数か月間でした。

スワヒリ語がまったく話せなかった時期に、キャンプ地から60キロ離れた村までクルマで出かけたことがありました。そのときに立ち寄った小屋の店先には、コカ・コーラの瓶がありました。それを見た私はここでコカ・コーラが飲めるのだと思い込み、必死で「これをください」と身振り手振りだけでコカ・コーラが欲しい旨を伝えたのです。しかし、これがまったく通じず、売ってもらえませんでした。そのときはなぜ売ってくれないのかと疑問に思っていたのですが、あとでわかったのは、実はそのときの相手は「ここにコーラはない」と言っていたのです。

このコーラの一件で、言葉が通じないことをとてももどかしく思いました。その気持ちは今でも鮮明に覚えています。しかし、これをきっかけにスワヒリ語習得に真剣に取り組むようになりました。

ちなみに、その日は飲み損ねたコーラを、後日売っている店を見つけて飲んでみたところ、日本のコーラとはまったくの別物の味がしました。あれほど飲みたいと思っていたのに全然おいしくなくてがっかりしました。

◆モヨヲシでの任務は自動車整備

私に与えられた仕事は自動車修理が主なものでした。道路工事や保護区内のパトロールなども同時に行いました。いろいろな場所でいろいろな体験ができる、それがＪＩＣＡのボランティアだからこそ許されている、とても楽しいことだと私は考えます。

私はほかのスタッフの手に余る作業をどんどん手伝って、自分ができることを積極的に増やしていきました。それはやらされているのではなく、楽しいから自らが率先して行うというスタンスだったのです。まさに現地の作業をエンジョイしていたのです。

野生動物保護区には保護区の担当者が7、8人いました。そこで彼らとの共同生活が始まりました。自動車の整備のほかに、クルマを運転して保護官を保護区の奥地まで送っていく仕事もたびたび担当しました。

本部テントから何十キロも離れた場所に保護官を1人降ろす仕事です。保護官はその場所で野生動物の密猟者を見張ります。万が一の事態に備えて保護官は銃も持っていきます。実際に毒ヤリを見たこともありますし、危険がいっぱいある環境であることは、私も重々知っていました。密猟者も何をしてくるかわかりません。保護官も命がけだったのです。物々しい装備で何もない場所に1人残る彼らからは、使命感のようなものを感じました。

対して、モヨヲシのキャンプ地での普段の生活はいたって平穏なものでした。特別な作業がない日にはマキ拾いや魚釣りなどをしました。いずれも日常生活を送る上で欠かせない燃料や食料を確保するための大切な作業でした。

そんな生活でしたが食べ物で困ったのは野菜が一切なかったことです。野菜は店で買うことになるのですが、モヨヲシのキャンプ地からもっとも近い村でも60キロ程度離れています。さらに野菜が売られている店となると300キロほどの距離を移動しなければなりませんでした。それほど野菜を買うことは大変なことだったのです。

◆自動車整備の初日

私は自動車整備の技術を見込まれてタンザニアに派遣されることになったのですから、当然現地でもクルマの整備を行いました。中でも印象的だったのがモヨヲシのキャンプ地で見かけた中型トラックでした。これが私のモヨヲシでの本格的なクルマ修理の初仕事になりました。

現地の言葉もろくにしゃべれなかった私は、当初なかなかスタッフとコミュニケーションが取れずにいました。しかしいつまでもお客さま扱いされているわけにもいきません。そこで率先して自分の仕事を探したのです。そうして見つけたのがこの中型トラックでした。

このトラックは故障してキャンプ地に放置されていました。ほこりを被って蜘蛛(くも)の巣も張り巡らされる荒れようでした。現地スタッフに聞いたところ、スタッフやドライバーには修理ができずにずっと長い間放置されているのだといいます。近くに行って車両の状態を確認してみたところ、イギリスのベッドフォード社製のトラックだということがわかりました。

それを見たときに、なんとしてでも修理して動くようにしようと考えました。いろいろなクルマの修理をしてきた経験から、直せると確信していたのです。

そもそもクルマを動かすには３つの重要要素が必要とされています。それは「酸素」「ガソリン（燃料）」「点火」です。これがしっかりできていればかからないエンジンはないのだと私は学んでおり、自分自身もそれを修理で実践してきました。

まずは放置トラックの故障箇所の診断からはじめました。修理する上では何が原因でエンジンがかからないのかを特定する必要があります。最初に見つけだしたのは点火を制御しているディストリビューターの故障でした。さらにキャブレター（気化器）も正常には働いていないものと思われ、メンテナンスが必要だということがわかってきました。

またエンジンの圧縮そのものがあるのかどうかも点検しました。しかし現地のガレージには圧縮を測定する測定器がありませんでした。そこでプラグを外してプラグホールに紙片を突っ込み、エンジンを回転させてどの程度紙片が吹き飛ぶかで圧縮の有無を確認することにしました。測定器などに頼った整備ではなく、今あるものをフルに活用してアイデアでなんとかすることも大切です。工夫して困難な整備をこなしていくのも私にとって楽しい作業になっていました。

また、故障箇所が見つかったからといって、交換部品がすぐに手に入るわけではありません。1500キロ離れた都市まで行けばクルマの部品を調達できる場所がありましたが、せっかく行っても目的のパーツがそこにあるかどうかはわかりません。そのためキャンプ地でできる限りの修理を実施することにしたのです。

さまざまな困難がありましたが、少しずつ修理を実施して2か月程度で修理が完成しました。これで不動になっていたベッドフォードのトラックは再び動きだすはずでした。しかし唯一既存パーツの修理では足りず新たに部品を購入するしかなかったのがバッテリーでした。

現地のスタッフなどに聞いたところキャンプ地から300キロ離れた地区にバッテリーを売っている店があることを知り、そこまで買いに出かけることにしました。キャンプ地には電気もありませんから、バッテリーの初期充電もその店で行ってから持ち帰るつもりです。バッテリーを用意するだけでもひと苦労だったのです。

こうして、バッテリーも揃い、いよいよすべての要素が揃いました。ベッドフォードのトラックに新品のバッテリーを設置してエンジン始動です。セルモーターを回してエンジンがかかったときには本当に嬉しかったです。

すぐにまわりにスタッフが集まってきてくれて「スゴいな」「よくやったな」と褒めてくれました。これで自動車整備のスタッフとしてキャンプ地のみんなに認められた気がしました。事実まわりのスタッフの私を見る目も変わっていき、活動の幅が広がった実感もありました。

しかし、そのベッドフォードのトラックはほかのスタッフやドライバーが修理を早々に諦めて手つかずの状態だった点がよかったのかもしれないとあとから思うようになりました。エンジンのことを熟知していないスタッフが下手に分解していたら、故障箇所を見つけだすのが難しかったと思うのです。むしろそのままの状態で放置されていたので故障箇所を比較的簡単に見つけだすことができ、その後の修理もスムーズだったのだと思います。

これもあとで知ったことなのですが、タンザニアではクルマが故障した際には、とにかく分解してしまうことが多いようです。その結果、故障箇所の特定もできず修理もおぼつかないという現象が起きていることを知りました。

◆自動車のメンテナンスを本格化していく

ベッドフォードのトラックの修理から始まったモヨヲシでの整備作業以来、私は主な任務である自動車整備の業務を本格化させていきました。

日常でもスタッフが利用しているクルマを整備、修理していき、それがすっかり日常になっていきました。

しかし、私はそれだけでは満足せず、さらにモヨヲシでの活動の幅を広げていくことにしたのです。そのひとつが道路建設用の機器の整備や修理でした。

道路建設にはさまざまな重機が用いられていました。実際にモヨヲシのキャンプ地には2、3台の重機が常時稼働していたのです。重機を整備した経験はありませんでしたし、クルマの整備とは異なる部分もあるのですが、エンジンなどの基本的な構造は同じです。見れば故障の原因や症状を判断できると思っていました。

そこで率先して重機のメンテナンスを行うことにしました。まず手はじめに重機の動きを眺めて観察することを実施しました。毎朝、道路建設の現場に重機が出動していくのですが、その際にエンジンの音や煙の出方、その他の部分の動きや音などを聞くように心がけたのです。すると異音や異常な煙の出方などがある程度わかりました。

その結果、故障する前に異常を察知することができるようになりました。異常にもすぐに修理が必要なものと、異常ではあるもののまだ修理をしなくてもよい段階のものがあります。私は、走り去っていく重機の音を聞きながら、まだ必要ないとわかっていても、修理をしたくてうずうずするようになりました。

重機にはもともと私以外の担当者がいたのですが、このように私が修理や診断を行うようになると交流も生まれてきました。そこで、より重機の状態を良くするために重機の担当者に日常整備の方法やチェックポイントを教えることにしたのです。当時の重機の担当者は日常メンテナンスにはあまり詳しくなく、それも故障の要因のひとつにもなっていたのです。

最初に教えたのがオイルの管理でした。エンジンの血液でもあるオイル管理は最重要メンテナンス項目のひとつです。しかし当時の重機はオイル管理があまりなされていませんでした。また当時のエンジンは通常使用しているだけでもオイルが少しずつ減る傾向にありました。オイルの減りに気づかないで、そのまま使い続けるとトラブルにつながります。そのため日常のメンテナンスではオイルの規定量を点検する必要があります。オイル量を点検して、減っていれば補充するという単純な作業なのですが、仕組みを知らないとなかなかできないことです。

そんな基本的なメンテナンスの方法も現地スタッフに教えていきました。スタッフのほとんどは点検やメンテナンスの方法も知らず、重機を壊してしまうことも少なくなかったのです。しかし基本の点検や整備方法を教えてからは大きなトラブルもなく重機が運用されるようになっていきました。

ところで、野生動物保護区の中をあちこち移動することが多くなった私ですが、その都度見かけるのが壊れて動かなくなったクルマでした。日本からＯＤＡ（政府開発援助）で提供されたランドクルーザーなどもサバンナの真ん中で不動になったまま放置されているのを見かけたことがありました。何台かを調べたことがあるのですが、原因のひとつがオイルの減りやオイル切れに起因するエンジントラブルでした。

重機のメンテナンス同様、クルマの日常点検でもオイルの重要性をあらためて感じました。ごく基本的なメンテナンスをしっかり管理するだけでも多くのトラブルは防げると確信したのです。

◆現地スタッフにクルマの原理を教える

重機のメンテナンスの重要性を伝えたときの効果が想像以上でした。イギリス式なのか、運転する人と整備する人が分離しているように思え、私は自動車の運転手にも本格的に整備の知識を教えていくことにしました。

オイルの管理など、基礎的なエンジン関連のメンテナンス項目や知識をまずは教えはじめました。また、理屈がわかっていないと点検や修理の意味がわかりにくいと思ったので、基礎的な知識も伝えました。

具体的には物理の勉強などもその頃にはじめていきました。例えば液体は高いところから低いところに流れることなどです。あたり前のことのように思うかもしれませんが、燃料コンテナを地面に置いてホースで吸い上げ車の燃料口に補充しようとしていたのです。燃料タンクが高い位置にあり、キャブレターが低い位置にある時には、低いところから高いところにガソリンが流れることはないことなどを、知識として知っていなければなりません。物理などを学校で習ったことがなかった現地のスタッフは、このような基礎的な知識もほとんどもっていませんでした。

さらに急カーブでクルマが倒れるなどの事故が起こることを例に出して、カーブではクルマに対して〝遠心力〟が働いていることを説明しました。クルマには重心があることなども細かく説明することにしたのです。

これらの重心や遠心力のことをわかってくると、トラックの荷台に重い荷物をうずたかく積むと重心が高くなってなおさら車両の転倒のリスクが高くなるということも理解できるようになっていきます。加えて少し難しくなりますが、パスカルの原理、流体の法則、てこの原理なども教えました。

物理を知り、基礎的な学問を少しずつ身につけていった現地のスタッフは徐々に場当たり的な修理ではなく、原因や根本的な問題を解明した上で未然にトラブルを回避し、修理ができるようになっていったのでした。

◆自動車整備の技術を見込まれる

私が派遣されたモヨヲシから転勤することになった野生動物保護区は、四国の４倍の面積がありました。各地に保護官が常駐するキャンプ地が点在していて、広大な保護区を管理していたのです。野生動物保護区はそれほど広いエリアなので、各地から自動車の修理依頼が舞い込むようになっていきました。

私が不動になっていたクルマを動かしたことや、日常の整備が的確なことなども含めて徐々に現地のスタッフに信頼されるようになっていたため、クチコミでうわさが広まり「イナミならこの故障も直せるのでは？」といろいろなトラブルの相談がやって来るようになりました。

また「クルマが壊れたのですぐに来てくれないか」といった切実な依頼も多く寄せられるようになっていきました。私がアフリカに行ったことの原点はそんな修理にあったので、皆から信頼されることで、どんどん作業が増え、同時にやりがいが増えていった時期のことです。

そんなあるときのことでした。国の財産でもある象牙を運んでいる政府の専用トラックが壊れたことがあったのです。象牙は野生動物保護区の中に落ちていることもあるのですが、そのままにしておくと密猟者に奪われてしまうので政府が回収して管理していました。

そんな大切な任務を担っている政府の象牙運搬用のトラックが一般道で故障してしまったらしいのです。そのままでは密猟者の格好の標的になってしまいます。最悪の場合には襲われかねない状況なのです。

そこで、密猟者に見つかる前に一刻でも早くトラックを移動させて安全な場所に避難することが急務になりました。そこで白羽の矢が立ったのが私だったのです。

しかし急を要することであるのに、私がいるエリアから象牙運搬のトラックが故障した地区までは遠く、すぐには駆けつけられない距離でした。そこで、なんと政府が自前のセスナ機でトラックの故障しているエリアの近くまで私を運ぶことになりました。空からアクセスすることで、現地にスピーディに向かうことができたのです。

実は、野生動物保護区の中にある各キャンプ地は、広大な国土を移動するために多くの場合はセスナ機が発着できる程度の簡易的な飛行場を持っていたのです。それを利用して空路でのアクセスが可能でした。

現地には修理に必要な工具や想定される部材などを持って駆けつけました。トラックを点検すると故障の原因はラジエターからの水漏れでした。あり合わせのもので漏水箇所を修理してとにかくエンジンが始動できる状態にまで復帰させることができ、トラックは無事に走りだせることになりました。その後、象牙などを保管する政府施設であるアイボリールームと呼ばれる場所にトラックは無事到着したと報告がありました。政府をあげての緊急ミッションでしたが無事こなすことができたのです。そのとき、トラック運転手にラジエターのキャップをはずしゆっくり走行するように指示しました。というのも、エンジンがかかるとラジエターに圧力がかかり漏れやすくなるのを防ぐ対応策でした。

この事件が私にとってもひとつの転機になりました。かなり大きな事件だったらしく野生動物保護区全体を統括する局長の耳まで届いたようです。そこで局長が言ったのが「自動車の優れた整備技術者が必要だ」ということでした。

それが、その後に私が手がけることになる自動車整備の教育施設の設立につながっていきます。

◆キャンプ地での食事について

ここまで本業である自動車整備や修理のお話を続けてきましたが、少しモヨヲシの保護区に赴任してからの普段の生活についてお話ししておきましょう。毎日の食事はごくごく質素なものでした。もちろん贅沢（ぜいたく）を求めていったわけではありませんので不満があるわけではありません。基本的に仲間とは同じものを食べました。

主食はトウモロコシの粉でつくる「ウガリ」です。食べ方としてはトウモロコシの粉を沸騰したお湯の中に入れて餅状（もちじょう）に練って食べます。タンザニアではトウモロコシは日本の米に相当するものです。国民食であり農民の作付けも多い農産物で、順調に収穫できた場合には農民たちはトウモロコシを現金化することもありました。

また「マハラグェ」と現地で呼ばれるインゲン豆を乾燥させたものを煮ておかずにしていました。味付けは塩味だけでいたってシンプル、タマネギやトマトを油で炒めて一緒に煮込むこともありました。これがタンザニアの味という印象です。

調理したウガリとおかずを大きなプレートに山盛りにして配膳します。食べるときには

手前の2つがウガリ。右上がマハラグェ、左上が肉

左手を使わないのがタンザニアのマナーです。食べる前には必ず手を洗いますが、大きな洗面器のような容器に張られた水で洗うのが一般的です。また食べ物を口に運ぶ際には指を唇に付けたり指をしゃぶることはしません。

料理に使う燃料は主にマキでした。そのためマキ拾いも私たちの日常の重要な仕事だったのです。簡易石油ストーブも使いましたが、熱エネルギーが低く、主食のウガリの調理には不向きでおいしく調理できませんでした。その点、マキは火力も強くウガリの調理には向いていました。

このように私がいたキャンプ地はマキだ

けで多くの調理をまかなっていたのですが、サバンナ以外の地区ではバイオガスを使って料理する場所もありました。

お世話になった上司のご実家にもバイオガス（メタンガス）の発生装置がありました。この装置は家畜の糞尿（ふんにょう）などから発生させたメタンガスを調理用ガスコンロと明かりの燃料として使っていました。バイオガス（メタンガス）発生装置を見せてもらったのですが、直径3メートルの円柱形状で、外側はコンクリート、内部は鉄板（内部の圧力で上下に移動する仕組み）でできていて、上部に糞尿の投入口とガスの取り出し口がありました。この装置には非常に驚いた思い出があります。

また、日本のように商店に行けば肉が買えるという環境ではありません。しかし一定量のハンティングは野生動物保護区の保護官に対して許可されていました。ハンティングをする際には雄のウシ科の動物を狩ることが多かったように思います。銃で撃って皆でさばいて食べるのですが、これらのハンティングが許可されるのは1か月に1回程度だったので、肉にありつけることは滅多にありませんでした。

さらに貴重な動物性たんぱく源になっていたのは魚でした。キャンプ地の近くには池や川があったので釣りに出かけました。

川にはナマズがいたので釣って食べていました。こちらも特に凝った味付けなどはなく、塩を使って煮る程度でしたが、現地で食べるとこれが格別にうまいのです。またタイガーフィッシュという名の歯のある魚もたびたび釣れました。タイガーフィッシュも大きなものは塩で煮て食べました。こちらもおいしい魚でした。また小さな魚は開いて日干しにし、食事の際に焼いて食べました。

いずれも作業の合間に川に出かけていって自分たちで魚を釣り上げるところからはじめなければ食料にはありつけないという環境でした。釣りのためのエサには昼食などで残ったウガリを使うのですが、ナマズのエサには野生動物の生肉を使いました。

あるとき、キャンプ地の近くのマラガシ川で釣りをしていたときのことです。５～６キロはありそうな大きなナマズを釣り上げたまではよかったのですが、ナマズを触った瞬間に右手から肩、胸を通過して左手に抜けていく大きな衝撃を受けました。なんと、釣り上げたのは電気ナマズだったのです。私がはじめてナマズの電気を味わった瞬間でした。しかも電気ナマズは解体中も電流がナイフを伝わってきて感電します。私も現地での経験で知ったのですが電気ナマズは死んでからも放電する恐ろしい魚なのです。

一方、かなりの遠方になりますがクルマで出かけていくと食べ物を売るドライブインがある集落がありました。店まではキャンプ地から60キロ、300キロなどあり、かなりの距離を走る必要があったので滅多に行くことはありませんでしたが。

そこに行くと好んで食べていたのが「ムシカキ」と呼ばれる料理でした。これは牛肉を串に刺して焼いたタンザニア風の焼き鳥でした。いかにも商店で売られている料理です。

驚きだったのは、料理に使われている串が自転車のスポークだったことです。これもタンザニアならではの光景なのでしょう。

もうひとつの楽しみは「カチュンバリ」というアフリカ風サラダです。タマネギ、キャベツを細切りにしたものを塩で揉んでレモン汁で味付けしてトマトを交ぜたものです。必要に応じて唐辛子を加えて食べます。シャキシャキ感があってムシカキとの相性も良いのです。真っ赤なトマトも良い味を出していました。町に出かけた時の楽しみのひとつでした。

タイガーフィッシュほか名の知れない魚もつれる

電気ナマズは死んでいても放電する！

◆その5　ヒョウ

ヒョウも恐ろしい猛獣でした。タンザニアにはたくさん生息していたようなのですが、実はヒョウは普段あまり見かけることはありません。夜行性でもあり、普段は人間には目に付かない場所に隠れて住んでいるのだと思います。

そんなヒョウですがどこからともなく忍び寄ってくるのです。ある日のことニワトリ小屋の扉を閉め忘れたことがあったのですが、翌日になってニワトリ小屋に行ってみると中にいたニワトリはすべてヒョウに食べられていたことがあります。

◆その6　ヌー

ヌーは大集団で暮らしていることが多い動物です。大きな群れで移動する動物としても有名です。

そんなヌーは雨を予測する力があります。ヌーの大移動は雨を先読みしているとしか思えないのです。ヌーにとっては雨の降る場所に行けば水も豊富で草も生えているでしょう。雨が降ることこそ豊かな地域の条件でもあるのです。そんな雨の予兆を何頭かのヌーは感じているのだと思います。水のある地域に移動して子どもを産んで育てる、そんな本能がヌーには備わっているのです。

あるとき、ヌーの大移動に出くわしたことがありました。クルマで走っていたときだったのですが、気が付くとまわり中がヌーの群れで埋め尽くされていました。その数はは てしなく、見渡す限り地平線までヌーの群れが見えるほどの数だったのです。こうなってはクルマで移動できないので、そのままその場所で待機しました。群れが過ぎ去るまでに1時間かかりました。それほど大量のヌーがクルマの横を過ぎ去っていったのです。しかし、ただの1頭もクルマにぶつかるものはいませんでした。

◆その7　大トカゲ

キャンプ地ではニワトリを飼っていました。貴重なたんぱく源を卵から補給するのが目的です。飼っていたニワトリはたくさん卵を産みました。

ニワトリが卵を産むときは、鳴くのでよくわかります。あるときニワトリが鳴いたので、あとから卵を取りにニワトリ小屋に行ったものの、卵がないときがありました。

そのときは不思議に思ったのですが、あとから知ったのは、犯人は大トカゲだということです。卵を産むとすかさず大トカゲが食べていたのでした。

第4章

自動車整備士の養成学校を開く

◆モヨヲシでの派遣を延長する

モヨヲシに派遣され自動車整備の作業などをこなし、すっかり生活にも慣れました。そして任期である2年が近づいてきたとき、私は任期の延長を申し出ました。もっとタンザニアでボランティアを続けたいと思ったのです。それだけやりがいも感じていたのでした。延長の申請を出すとすぐに1年間の任期延長が認められ、そのままの環境で任務を続けることになりました。

そんなときのことです。以前、何度かお会いしたことがある野生動物保護区の局長から連絡が来ました。保護区のトップである局長からの直々の連絡で何事なのかと思いましたが、早速出かけることにしました。

モヨヲシから野生動物局本部のある街までは直線で1000キロ離れているため、クルマで2泊3日の行程になったのですが、ようやくたどり着いて話を聞いてみると、局長が私に依頼してきた仕事は「セルース・ゲーム・リザーブのマタンブェキャンプにある自動車整備工場に行って、その運営、保守、整備、管理の状況を直接見てきてほしい」というものでした。

当時、各地にはいくつかの自動車工場があり、そこで保護官が使うクルマを整備、修理していたのでした。しかし、そこの仕事ぶりはあまり評判が良くないようなのです。どこまで業務をはたしているのかも知りたいとのことでした。

当時はセルース野生動物保護区の中に自動車工場が合計４箇所あったのですが、それらを順に見て回ることになりました。

実際に行ってみると、工場での整備作業は私が知っている日本でのそれに比べてかなり遅れた内容でした。タンザニアではイギリスの影響を受けて自動車整備が行われていたのですが、その方法のベーシックなものが「とにかく分解すること」が前提のようなのです。

この方法には私はいくつかの問題点があると思っています。そのひとつが故障箇所を特定することなく分解してしまうという方法なので、明確な故障の原因や要因を特定できないことです。パーツを組み替えて再度組み立ててしまえば完了という手順で、最終的には「動けばＯＫ」という手法だったのですが、なかなかそのＯＫは出ませんでした。

これでは診断〜整備というシステマチックな手順が確立されず、しっかりとした整備を体系的に行うには不十分だと感じました。これを見直して工場を改革していく必要がありそうでした。

不足しているのは整備工場で働く一人ひとりの整備士の「技術」であると感じました。そこで私は、整備に携わるスタッフ全員の技術力を上げていくことが急務だと局長に報告したのです。

局長からは「どうしたら良いのか？」と尋ねられました。私は自分たちの工場は自分たちで保守管理、整備ができる体制が必要で、そのためには技術者養成学校を設立して人材育成をする必要があると説きました。これが4箇所の工場を見に出かけて私が出した結論だったのです。

その報告を受けた局長の動きはスピーディでした。

「わかった、それならば技術者を育てるしかない、君がやってくれ！」

そう言われた私は、新たな技術者の育成を行うことになったのです。

具体的な方法としては、自動車整備士を養成する学校を作ることが計画されました。局長からはすぐさま「イナミに全権を与えるから整備士育成の学校運営をやってくれないか」と依頼されました。私は教えることも好きだったので、もちろんすぐに引き受けることにしました。

学校設立という一大プロジェクトでしたが、保護区のトップである局長が決めたことだったので話はトントンと進み、あっという間に学校設立への動きが始まっていくのでした。

◆自動車整備士の養成学校を開設する＝人材育成

急転直下で決まった自動車整備士の養成学校の開設。学校名はすぐに「マタンブェ技術者養成学校」と命名され、私が全責任者として学校を新設し、運営し、技術者の育成を行うことになりました。まもなくしてタンザニアからも正式な依頼があったため、ＪＩＣＡではさらに私の派遣を延長することが決まりました。

こうして、これまでの自動車整備の任務とは異なり、より幅広い任務と責任が私に与えられることになったのでした。

局長から「全権を与える」と言われたとおり、学校の建設、生徒の募集、学校の運営までをすべて私が手がけていくことになります。それはとてもやりがいのある仕事で、私はその業務にのめり込んでいくのでした。

野生動物保護区に住む若者たちの未来はとても見えにくいものでした。教育も乏しく技術を身につける術もありません。そのためできる仕事は限られており、将来に夢が持てないのです。私はそれまでの生活で、タンザニアの若者の現状も見てきたので、自分がなんとかできるものならやりたい、という気持ちを持ちました。

自動車整備士という資格があれば、若者たちのひとつの目標になるはずです。国家試験に合格すれば手に職を付けることができるため、資格が有利に働くことになります。これまで将来に夢を描けなかった野生動物保護区の若者に光を与えることができると感じていました。

◆マタンブェで開設準備が始まる

学校を設置する地区として選んだのはセルース・ゲーム・リザーブのマタンブェのキャンプ地でした。そこが私の次の転勤先となったのです。マタンブェのベースキャンプには既存の大きな自動車ガレージもあり、そこから20メートルほど離れた草原の不整地があり、ここに学校の建物を建設することにしました。

私はすぐにマタンブェに引っ越して本格的に学校建設を始めました。ガレージは実習授

マタンブェのベースキャンプにあった自動車ガレージ

業で活用し、ガレージのすぐ近くに学校を新設することで効率の良い人材教育ができる場所だと感じていました。

生徒の選考から学校の建設、さらには教育のカリキュラム作りまでを任されていたのも、私のやる気を起こさせた要因だったのかもしれません。

すべての費用は野生動物局が出してくれることになっていました。ＪＩＣＡ協力隊員には「現地業務費」があり、それを一部使わせてもらいました。学校の校舎とは別に生徒たちが住み込んで勉強できるよう、寮も作ることになりました。ここで生徒たちは１年間学ぶことになるのです。まわりには何もない地域なので、生徒たちはずっ

まだ学校を建てる前の敷地

と自動車整備を学ぶためだけに住み込むのです。

◆学校の建物建設を始める

まず最初に取りかかったのは学校の建物の建設です。

マタンブェはサバンナの真ん中にある周囲に何もない地域です。まわりには広大な原野が広がり、滅多に人にも会わない地域でした。まわりにはゾウなどの野生動物もたくさんいる環境です。

学校の建設には期限が設けられておらず、「イナミの好きなようにやって良い」と言われていたので、じっくりと取り組むことができましたが、ほかのキャンプ地の自動車整備作業に呼ばれることもたびたびあり、ある意味「二足の草鞋（わらじ）」でした。

当時のマタンブェには20人程度のスタッフがいました。それらの人が住むための石造りの住居がある程度で、集落と言えるほどの場所ではありませんでした。スタッフは野生動物保護官、政府の人々、ガレージ関連のスタッフです。

そんなマタンブェ・ベースキャンプの片隅にあったのが大きなガレージでした。ガレージの近くに学校を作ることで効率的に学校運営ができると思ったので、このガレージから20メートル程度離れた草原、ブッシュの不整地を切り拓いて、ここに学校の校舎を建設することにしました。まず、学校予定地の整地を行うことになりました。

重機や人力を使って学校建設予定地となっている草原を整地していきました。作業は私を中心として野生動物保護官やガレージのスタッフも手伝ってくれました。

◆何もないところでは工夫が必要

学校建設にはいくつもの難題が待ち受けていました。そのひとつが建設用の資材の調達

資機材運搬車両と同僚。この車で何度も往復する

です。なにしろマタンブェには建設用の資材がありません。セメントを手に入れるのには何百キロも離れた地区にまでクルマで調達に出かけるほかありません。

そこで思い出したのが日本の建設現場でよく言われる「段取り8分、仕事2分」でした。これがマタンブェの建設現場でもあてはまると思ったのです。

これは準備がいかに大切かという先人たちからの教えでした。事前の段取り・準備に特に力を入れたのはそれを思い出したからでした。

建設用の資材のほとんどはマタンブェから400キロ離れた都市であるダル・エス・サラームにトラックで行って調達しま

す。同僚とともに何度か往復して必要な資材や道具を購入し運び、少しずつ整えました。セメントは朝早くにトラックでセメント工場に行って並んで購入してきました。

そのほかに購入したのは、２×４材、２×６材、１×12材などの木材、鉄製網、トタン板、釘、ネジ、ビス、アンカーボルト、鉄筋、丁番、ドアノブ、ペンキ、との粉、サイザル紐、たこ糸などの資材。さらにはノコギリやのみ、カンナ、ハンマー、ドリル、左官用のコテ、大なた、砂のふるい器、測量道具などです。

しかもこの学校の建設に加えて、通常業務である自動車整備も同時にこなしていた私は、なかなか建設のほうを進められない時期もありました。

しかし、結果的に建設という専門違いの業務をこなせたのは、子どもの頃からの経験が生きていると思います。

実は昔から建築の仕事が好きで、大工さんが仕事をする様子をずっと眺めてきており、建設作業の手順をよく覚えていたのです。まさかこんな場所で生きてくるとは思ってもいませんでした。このあと完成までには約2年の歳月を要することになります。

◆具体的な建設作業の内容

ではここからは少し具体的な学校建設の内容について説明していくことにしましょう。作業の手順などは私の知識に加えて現地の建築方法を学ぶなどして、よりスムーズに堅牢な建物ができるようにと心がけていきました。

整地したあとには建物の基礎を作っていくことになるのですが、建物にとって基礎は非常に重要になります。基礎如何で建物の堅牢さや完成度は大きく左右されるのです。

そこできっちりとした基礎を作るために水平器や下げ振りを使って正確な基礎を作っていくことにしました。幸いなことに現地のＪＩＣＡの事務所に水平器が残されていたので助かりました。

これらの道具などを使って土地を測量して、間取り及び掘削する地盤の確認などをしていきます。その上で地縄張りなどの作業を行うのです。

また高低差のある建設地を水平にするために、レベル計測用スタッフ（標尺）、三脚を使って地点間の高低差を測り、水平に土盛り、セメント盛りをしました。

次に基礎を支えるために、建物と地面のつなぎ目となる土台を作っていきます。これは建物の丈夫さを左右する重要な工程です。建物の基礎を作るために地面を掘削する工事（根切り）なども実施していきます。掘削が終わると根切り底と呼ばれる水平面ができ上がるのです。これが基礎を作る上では大切な部分です。

基礎工事のあとに転圧を加えます。転圧は地盤を締めて固めるために不可欠な作業です。土の硬度を高めて安定化を図るために、何度も繰り返して行う必要があります。地盤を締め固めたあとに、ごろごろした石、小さめの石、砂利などを敷き詰めて再び転圧し、捨てコンクリートを打設していきます。

捨てコンクリートの打設は、建物を建てるために重要な工程です。５センチ程度のコンクリートを打設し、最終的には地面の中に隠します。その際に、私はガレージに捨てられていた自動車用のスプリングなども敷き、強度を増すようにしました。補強した上からコンクリートブロックを積み上げるため、次にコンクリートの表面を平滑に仕上げていきました。

こうして良好な面を作ったあとは、建築ブロックを積みます。次に管柱・間柱などの正しい位置を決めるため、墨出し／墨付けをしていきました。

手作りの転圧器具を使う

タンザニアではブロックから手作りする

次にブロック作りも始めました。日本のように販売されているブロックを調達して使うのではなく、タンザニアでは自分たちでブロックを作って準備するところからはじめます。建設用ブロックは砂、セメント、水を混ぜて適当な硬さのモルタルを作り、これをブロック成形器の中に敷いたまな板の上に投入して転圧して1個ずつ成形していきます。その後、これを天日干しにしていくのです。まな板は反らないように、また持ち運びやすいように下駄の歯のような2枚の板（歯）を釘付けしてありました。

地域で取れる土を使ってブロックを作るため、地域の土の色がブロックに反映されます。ブロックはセメントを使ったブロック、粘土状の土で作ったブロック、さらには焼きレンガのブロックなどがあります。

◆随所に独自の工夫を

学校建設では、独自の工夫のほか、日本の技術、タンザニアの工法など、あらゆるものを取り入れて進めました。

建物の外壁にはブロックを積み上げる工法を採用しました。ブロックの積み方には芋目地と馬目地／馬乗り目地があります。日本で一般的なのが芋目地です。しかしタンザニアでは馬目地／馬乗り目地の積み方を用いる場合が多いようです。

馬目地／馬乗り目地とはブロックを積み込む際に、下段に並べたブロックと半分ずつズラして上の段のブロックを積む方法です。これによって強度を高める工法です。これには日本のブロックとタンザニアのブロックの違いが影響しています。日本のブロックはブロックの中に円形の穴が空いていて、積み込んだ際にこの穴に鉄筋を通したりモルタルを充填（じゅうてん）するなどして、ブロックを構造的に一体化して強化する工法を採用しています。しかしタンザニアのブロックは空洞がない構造なので同じ手法がとれません。そこで半分ずつズラして交互に積み上げることで強度を確保する工法になったのでしょう。

スタッフの中には大工さんもいたので、わからないことやタンザニアでの工法について教えてもらうことがありました。しかし全般的にタンザニアでの建築の技術はそれほど高くなく、私にも十分理解できる内容でした。皆で工夫しながら少しずつ精度の高い校舎を建設していくのは楽しい作業でした。

ブロックを使った外壁の中でも、少し気を遣って工夫を込めたのが出入り口になるドア

ブロック積み。強度が出るように積み上げる

部分の作り方でした。

現地の建造物を見ると積み上げたブロックに穴を空けるようにしてドアを取り付けていました。しかし、その方法だとブロックとドアの間にどうしても隙間ができてしまいます。これを私はほかの方法はないかと一考しました。

そこで思いついたのがブロックを積み上げる際に先にドアの大きさの木枠を入れて、それに合わせて周囲にブロックを積み上げていくという方法でした。ただし、そのままドアの形の木枠を入れるだけではドアの上のブロックの重みがすべてドアに加わってしまいます。その重みを分散させるためにドアの上部にドアよりも大きな梁状の大

長尺コンクリートブロックを使う

きなブロック（長尺の鉄筋入りコンクリートブロック）を設置することにしたのです。

これは通常のブロックよりもかなり長尺の構造になります。このブロック用のモルタルには砂利を混ぜ合わせて通常のブロックよりも強度を高め、鉄筋も加えました。

この長尺の鉄筋入りコンクリートブロックを用いることで、ドア用の木枠も収まり、なおかつ壁面全体の強度もしっかり確保されました。結果的にドアの枠はピタリと収まり、ブロックとの隙間もない美しい仕上がりになったのです。

次に課題になったのは緊結です。緊結とは立ち上げ部（ブロック）と屋根の骨組み

（木材）をしっかりと留める工程のことです。建物の最上部のブロックに埋め込んだボルトに対して屋根の基板となる木材をナットで締め付けます。ブロックの最上部に埋め込むボルトには専用に加工した寸切りアンカーボルトを用いました。また屋根の基板には２×４材を用いました。これを建造物全体に一周させることで全体が締まり崩壊を防ぐ工法にもなるのです。

もうひとつの工夫を込めたのが大きな柱を作ることでした。現地で入手できる２×４材は長さが最長で３５０センチぐらいでした。それ以上の長尺の材木が必要になった場合には数本の２×４材をつなぎ合わせて作るしかありませんでした。

そこで考えついたのが２×４材の端部を三角形に切って２本を接合するという方法です。接合はスチール製のバンド（帯）を巻き付けて釘を打って留めます。スチール製のバンドは波トタンを購入したときに束ねていたものを再利用しました。

屋根の骨組みの作成にも苦労しました。２本の屋根部材を山形に組み合わせた合掌と束柱（つかばしら：骨組みの中央に建つ短い中心の柱）と妻梁（つまばり：骨組み全体の荷重を受け横に渡す部材）の間に部材を斜めに入れて屋根の骨組み構造を補強することを筋交い（すじかい）と言うのですが、対角線上に筋交いを加えて三角形の構造を作り、建物の変形を防ぐようにしていきました。

ところで作業の間の道具の手入れも私たちには欠かせないことでした。大切なことのひとつはノコギリの手入れです。

木工作業では欠かせないノコギリですが、切れ味が落ちてくると専用のヤスリを使ってキーキーと音を立てて〝目立て〟を行います。こうして切れ味を復活させることでその後の作業がスムーズに正確になるのです。目立てはノコギリの目にある角度を付けて研がなければならないのですが、これには多少の技術鍛錬が必要になりました。日本の木工用ノコギリやカンナは引いたときに切る・削るという仕組みなのに対して、タンザニアでは逆に押したときに切れ、削れる構造になっていました。これに慣れるまでは苦労しました。

屋根の組み立てでは屋根の骨組みを建造物上部に載せ、渡した垂木・胴縁の上に波トタンを波板ビス（傘釘）で打ち込み貼り付けていきます。枚数が伸びるほどにズレが生じてくるのを防ぐため、最初に水糸などを張ってズレ防止に努めました。また雨水などがトタンから侵入するのを防ぐために、波トタン同士は2、3山重ねることにしました。

屋根の頂点にはトタンでできた傘をしっかり被せます。ここまでできあがると建物全体の外枠ができ上がりました。このあと、外壁の壁塗りなど、いよいよ最終の仕上げに取りかかります。

壁塗りは左官屋さんの腕の見せどころです。私たちが現地で作ったブロックは大きさが均一ではないためブロックを積み上げた際には壁面にどうしても凸凹ができてしまいます。そのため最終的な仕上げとして壁塗りが必要になるのです。

壁や床に均一にモルタルを塗り上げていくのには高度な技術が必要になります。センスも問われる仕事なので専門の左官職人にお願いしました。その作業を見ていると尊敬に値する職業であることをあらためて感じたのでした。

ドアや窓などは基本的には１×12インチの板材を使って製作しました。ドアの場合は３枚の板をつなぐなど工夫しました。板材はカンナの掛かっていない材料なので手でカンナがけする必要がありました。大工さんにはこれがかなりの労力を使う仕事でした。また２～３枚の板材を一枚板のようにするためピッタリと合うようにカンナがけすることも必要でした。

また、組み合わせた板材の側面がズレないように数箇所に合い釘を打ちます。接着面を少し空けてそれらの間にボンドを適量塗っていきました。その上で木材用長尺万力（クランプ）でお互いを圧着します。そして仕上げには片面にZ形に補強を加えました。こうして頑丈なドアを作ったのです。

建物の外装がほぼでき上がってくると、続いて教室で使う机や椅子などの製作も手がけました。ガレージの片隅を机、椅子の製作場所に定めて大工さんにお願いしました。もちろん既製品は手に入らないので一つひとつが大工さんの手による手作りです。頑丈さを追求した2人用の机と椅子を依頼しました。

木材の表面はバリ（キズ）などでザラザラしているのでカンナがけやカンナのメンテナンスが大変だったようです。また作業の質を上げるために毎日数度の刃の研ぎも欠かせない作業になったようでした。カンナの刃は鋼と地金でできており基本の刃の研ぎ方は刃と砥石を平行にしますが、刃が立ち上がると刃先が砥石を削り、刃が低く寝かせすぎると刃先が研げないことになります。刃がしっかりと研げていると刃先の裏に薄い返しができるので出来具合の目安になるのです。そこまでを体得するには研ぎの慣れ（熟練）が必要になりました。

机と椅子。既製品は手に入らないので、大工さんに特注

校舎の建築は進んでいきましたが、内装の施工に入ったところで、学校には不可欠な黒板をどうしたものかと考えました。黒板は簡単には手に入りません。これも作るしかありませんでした。

壁面の上にモルタルと黒色セメントを混ぜたものを塗っていきました。この施工も専門の左官屋さんにお願いし、教室の壁一面を黒色セメントで施工してもらいました。通常の黒板同様にチョークで繰り返し書いたり消したりできます。大型の黒板が教室内にでき上がった際、その姿は圧巻でした。

こうして基礎工事から始まった校舎の建築は完成し、ようやく16人の生徒が収容できる教室と事務所兼職員室ができ上がった

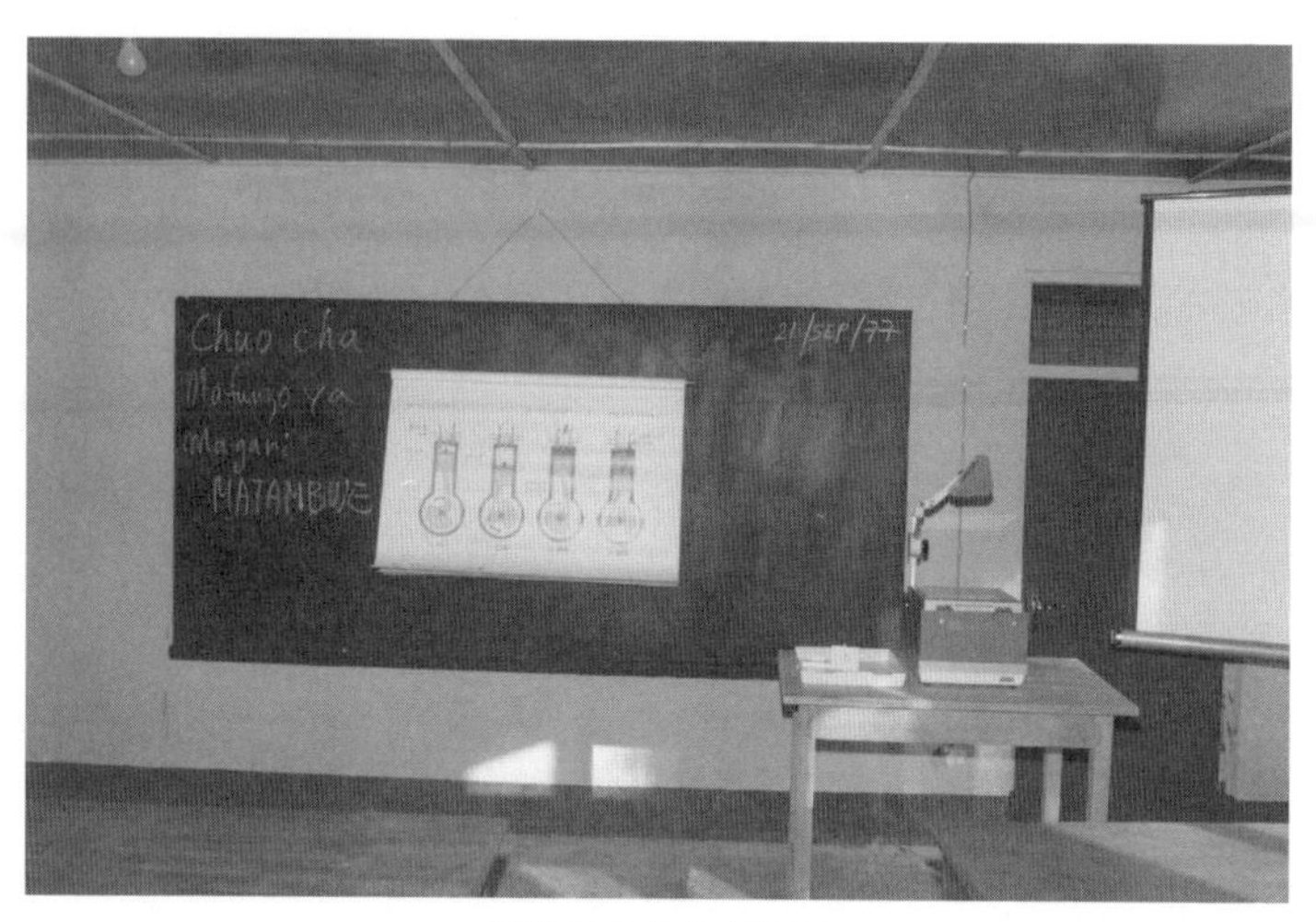

手作りの大きな黒板

黒色セメントで仕上げ、チョークで書いたり消したりできるように

のです。

◆全国各地で生徒の募集を開始

さまざまな業務をこなしながら進めた学校建設でしたが、2年程度で目処が立ち、いよいよ生徒を迎えて学校の運営を始める段階に入りました。そこで自動車整備士を志す若者を全国から募集することにしたのです。

しかし日本で行われているような入学試験を実施するのは難しいと思いました。タンザニアは日本の約2倍半の広大な国土があり、交通手段が少ないため応募者が一度に1箇所に集まることが大変難しいからです。そこで打開策として考えたのが、私が各地をまわって志望者を一人ひとり面接するという方法でした。国土の広いタンザニアなので、地方を回るためにセスナ機に乗ることになりました。

遠いところだと直線距離で1000キロも離れている地域にも赴きました。各地区には簡易飛行場（エアストリップ）がありましたが、管制塔もなく草原を切り拓いただけのまさに簡易的な施設だったので、着陸も離陸もかなり難度が高いものだったようです。

完成した学舎

生徒の募集は全国にある天然資源観光省・野生動物局関連施設で行いました。各地域に面接に赴く前に無線で地域の担当者に向けて「自動車整備を職業としてやってみたいと思っている若者を集めてほしい」と連絡しておきました。

すでに野生動物局の自動車整備工場で働いているスタッフも、多くの場合は整備士の免許を持っていなかったので、たくさん応募してきました。それは、ほとんどの応募者が小学校卒業程度の学歴しか持っておらず、そのため国家資格を持って自動車整備をすることの優位性を皆が感じていたのだと思います。

そんな準備を経て、セルースはもちろん

モヨヲシ、ルングワなどの各地へ応募者の面接に出かけました。現地には数名の応募者がいました。いずれも10代から20代の若者が中心でした。現地に到着すると早速面接に取りかかります。

面接といっても技術的なことや高度な質問などをするわけではありません。まずは文字が書けること、自分の名前が書けることといった基本的な事項はクリアしているかどうかを見るのです。その上で直接話すことで、応募者のやる気を見ました。目を見ているだけでも、どの程度の思いなのかが伝わってくるものです。自動車整備にかける思いが応募者の姿や話しぶりから伝わってくることがわかると、面接もスムーズになっていきました。

自動車整備士の養成学校は1年間という期限がありました。その短期間で国家試験合格という成果を出さなくてはいけないのです。そのためかなり凝縮したカリキュラムとなることが予想されました。それでも授業についてこられるのか？　また1年間、自動車整備を学ぶためだけに集中できるか？　など、応募者の決断も確認していく必要がありました。

それでもやりたい、自動車整備士になりたいという熱意のある人材だけを選定して集めていくことにしました。

当初はどの程度の候補者がいるのか心配でしたが、各地をまわって面接を繰り返していくと、これらの条件を満たして候補に上がる若者は想像以上に多いことがわかってきました。むしろ養成学校の定員に収めるために候補者の中から選抜して選ばないといけませんでした。

結果的には残念ながら候補になった若者が定員を大きくオーバーしたため全員は受け入れられませんでした。しかし見込みのある若者は2年目の生徒として受け入れることにして、少し待ってもらうことにしたのです。タンザニアの若者の自動車整備士への志を大切にしたいと思ったからでした。

先の見えない状況の中で、自動車整備士は光明になっていたようです。しっかり技術を身につければ職業としてやっていけ、国家試験に合格することで安定した職も得られ、手当ても増えます。長く続けられるやりがいのある仕事に就くことを希望している若者には、願ってもないチャンスだったに違いありません。そんな熱意が面接からも伝わってきました。

◆観察力で射撃の腕が開花する

セルースでの生活の中で、ちょっと変わった経験をしたのはハンティングでした。１か月に1度、ハンティングが許され狩った獲物を食することができたのです。

ただ、派遣されるまでは自分では銃は撃ったことはありませんでした。ハンティングには同行したことはあるのですが、いつも狩りの様子をそばから見ていて運搬作業を手伝うだけで、自らが銃を執って狩りをすることはなかったのです。

しかし、しばらく経ったある日のこと、いつものようにハンティングに出かけたのですが、なかなか命中しませんでした。そこで銃を扱っていたスタッフから「イナミ、助けてくれないか」と言われたのです。それではじめて銃を持ってハンティングを行いました。銃の扱いなどはそれまで横で見ていたのでだいたいのことはわかっていました。そして獲物を見つけて銃を撃ったところ、なんと1発目で当たったのです。射撃のルーティンを覚えていたのが功を奏したのかもしれません。初めての射撃としてはうまく行ったと思っています。

それからは現地のスタッフから「イナミは射撃がうまい」と思われたのでした。これは私がいつも実践してきた、いろいろな作業をじっと見て観察し、その動きや作業を覚えるということが役に立ったのだと思います。

機械整備や建設でも同じことが言えます。作業をそばで見て覚えることの大切さをあらためて実感したエピソードでした。

◆その8　サル

アフリカではどこにでもいる動物の一種がサルでした。木から木へと身軽に飛び跳ねる姿をよく見かけました。その日もサルが木から木へと飛び移っていく様を見ていたのです。するとそのサルが次の木に飛び移る際に誤ってぽとんと地面に落ちたのです。〝猿も木から落ちる〟という日本のことわざがありますが、本当にサルも木から落ちることがあるのだとそのとき初めて知りました。

◆その9　バッファロー

バッファローは大型の草食動物です。ハンティングが許されている動物の一種なのですが、狩りをするのは難しい動物でもあります。

バッファローは非常に頭の良い動物なのがその理由です。人間さえもだましてくるのです。そのためバッファローの狩りをするときには2人1組で行くことになっていました。

たとえば1人が銃で撃ったバッファロー

が手負いの状態で逃げ草むらに逃げ込んだとします。しかしそのバッファローは隠れているのではなく、ハンターが通りすぎるのを茂みで待ち、後ろから再びハンターを襲おうとしているのです。そこで2人1組のうちの1人がバッファローよりも後ろに待機しておきます。手前のハンターをバッファローが襲おうと出てきたところを後方のハンターがしとめるのです。このような頭脳的なプレーが必要なのがバッファローなのです。

◆その10　カバ

セルースに派遣されていたときのことです。キャンプ地の近くには川が流れていました。そこにはカバが住んでいてたびたび見かけることがありました。川は運搬にも使うことがあったので丸木舟に船外機を付けて走ることもありました。

あるとき、エンジンの試運転で川を丸木舟で進んでいたときのことです。船尾の私のほうを向いて座っていた仲間の2人が急に顔色を大きく変えたので、何かと思って振り返ってみると、なんとカバはバタフライをして私たちの舟を追ってきていたのでした。

のちにいろいろな人にこの話をしていますが、誰も信用してくれません。

しかし私たちはカバのバタフライをこの目でたしかに見たのです。

第5章

タンザニアの整備士養成をスタート

◆マタンブェ技術者養成学校の開校

学校の校舎の建設から始まったマタンブェの自動車整備士養成学校は、１９７７年の10月に開校することになりました。念願の開校です。

自動車整備士の国家試験が7月だったこともあり、1年間の課程をこなすには入学をこの時期にするのが一番よいと判断しました。

全国各地から集まった第1期生の生徒は総勢16名、全員が男性でした。いずれも私が各地で面接をして将来性を見込んで合格を決めた若者でした。こうして生徒たちは1年後の自動車整備士の国家試験合格に向けて勉強を始めました。

開校シーズンになると全国各地から生徒たちが集まってきます。広大な国土の各地から来る生徒は皆が鉄道を使ってやって来ました。幸いなことに学校のあるマタンブェの近くには鉄道の駅があり、そこを利用できたのです。しかし鉄道の駅といってもサバンナの中に突然現れる施設で、日本で想像する駅とは大きく異なっていました。

生徒たちは1年間の学校生活を送るために必要な身の回りのものを持って学校にやって

来ます。それを見ていると彼らを国家試験合格に導く使命と責任が私にはあると感じていました。

学校の大きな特徴は野生動物保護区内にあり、ある意味外界から隔絶状態で学校、寮、実習場が目と鼻の先に集まっている環境にありました。外界とのコミュニケーションを絶ち雑念を取り払った上で、学ぶことと技術習得に集中できる環境があること、それこそが「マンタブェ技術者養成学校」ならではの特徴となりました。

◆実技はガレージのランドローバーで実施

学校の目的は当初から、生徒たちを自動車整備士の国家試験に合格させることでした。つまり、合格できるようなカリキュラムが必要です。しかし、当時の私はタンザニアで行われている自動車整備士の国家試験がどのようなものなのか、試験の内容はどうなのかといった情報を持っていませんでした。

各方面で国家試験に関する情報をなるべく集めるようにはしたのですが、わかったことは国家試験は筆記試験と実技試験があること、実技の試験は1時間程度で実施されているということくらいでした。筆記にしろ実技にしろ、どんな試験内容が課せられるのかについて詳細はほとんど未知の世界でした。

そこで私が考えたのは日本での自動車整備士の免許を取得した際の勉強や実技などを思い出して、それを現地で教えるという方法でした。

クルマの構造や仕組みはもちろん万国共通です。整備や修理に関する考え方も同じはずで、整備士に求められる技術や知識は、国が違っても内容は異なる部分は少ないはずと考えたのです。

まずは実技のカリキュラムです。実技の試験時間が1時間程度とわかっていたので、その時間内にできることを想定していきます。私のこれまでの整備士の経験から1時間程度で実施できる内容で、同時にクルマの整備で非常に大切になる項目は何かを考えました。するとでてきた答えが「バルブクリアランスの調整」「ブレーキ整備」です。これならば時間内に実技が可能で、受験者の技術力を測るには適当だと考えたのです。そんな想像を働かせた上で、生徒たちに教えるための実技のカリキュラムを作っていったのでした。

実技の授業には教材となる車両が必要になります。幸いなことにマタンブェのキャンプ地のガレージには教材として使っても良いランドローバーが数台ありました。この車両を使って生徒たちに想定される実技試験の内容を反復練習してもらうことにします。同じ作業をスムーズに、スピーディに行えるようになるまで何度も何度も練習することを課してみました。先ほどのバルブクリアランスの調整とブレーキの整備については特に入念に指導し、ほかの整備項目もくまなく経験してもらうことにします。

タンザニアではポピュラーな車種だったランドローバーで整備を実践することも意味があることでした。実技はとにかく経験値が大切です。同じ作業を飽きることなく何度も繰り返すことで、作業のコツや勘所がわかってくるのです。実技試験の対策にはそのあたりの経験値を積み重ねることが大切だと感じていました。

しかし、いざ実技の実習を始めてみると、私が想定していたようには授業はうまくは進みませんでした。生徒たちを見ていると作業は遅く、テキパキと作業を進めているようには見えませんでした。生徒は生徒自身が思っているほどの技術に達していなかったのもありますが、自動車整備の作業に慣れていないため作業のペースが掴めないでいるのだとも思いました。

また、難しいことにぶつかると次の作業に進めなくなってしまう生徒も多くいました。一度分解してしまうと元通りに組み立てられないという生徒もいました。エンジンやブレーキなどの構造や仕組みなどを理解していないことが要因のひとつですが、これは何度もやってみて身体で覚えていくしかないと思いました。

実技試験の合格のために、整備工場・実習場ではコミュニケーションを取って、生徒が積極的に参加して喜びや楽しさを享受できる体制を作りました。

学校は住み込みでしたので、通学時間はありません。そのため技術を学ぶための時間はたっぷりありました。実際、生徒たちは国家試験に合格するのだという志が強く、日があるうちは何度も反復練習をする生徒も多くいました。すでに習得している生徒に先生役をさせる方式は、教えている生徒にとっても教わっている生徒にとっても、お互いにいい勉強になったようです。

◆運転技術の指導も合わせて実施

学校では、運転技能・技術の向上のための練習も行いました。当時のタンザニアでは、クルマを直す人とクルマを運転する人とに分かれているのが普通で、自動車整備工場で働いているスタッフがクルマを運転する機会はほとんどありませんでした。そのため整備士の多くはクルマの運転が未熟でした。

クルマを整備するスタッフはクルマの運転もある程度できなければいけないと思っていた私は、エアストリップ（簡易飛行場）に木の枝を並べた仮想のコースを作って、クルマの運転の練習を実施しました。こうして生徒たちにも運転技術の向上を図ってもらうことにしたのです。

一方、私は生徒たちに実技や筆記試験を教える傍ら、従来どおりの修理の仕事もしていました。セルース野生動物保護区に4箇所あったキャンプ地には、車両のほかに大型トラクターやグレーダーなどの建設機械もありました。それらを診断・保守・管理するのも私には重要な業務だったので、必要に応じてマタンブェから出かけていくこともあったのです。

◆コンマ単位の微細な作業にとまどう生徒

実習の中で、特に生徒たちが苦労していたのがバルブクリアランスの調整でした。しかし私が特に重要だと考えていた整備項目だったのでおろそかにはできませんでした。

生徒たちが苦戦していた原因は0・02ミリなど、小数点以下のごく微細な測定が必要という点でした。タンザニアの若者たちにとって肉眼では判断できないほどの小さな隙間を測定するという概念自体がなかったのです。

普段の生活の中では100分の1ミリなど、わずかな厚みや太さ、隙間を気にしたり測ったりすることはありません。しかし自動車整備の世界では不可欠です。

エンジンのバルブクリアランス調整では0・01ミリなど、わずかな差がエンジン性能や調子の良し悪しにもつながる重要な項目になります。それを生徒たちに理解させて、緻密な調整ができるようになるのには少し時間がかかりました。エンジンの吸排気バルブの開閉を調整するのがバルブクリアランスの調整です。これがわずかに規定値からズレるだけでエンジンの吸気や排気の性能が左右されてしまいます。それを正しく調整できるのは自動車整備士としては基本的な整備内容なのです。

例えば普通の会話の中では円＝丸なのですが、自動車の整備をする上での技術的な見方だと、真円という概念を覚えておく必要があります。円なのか真円なのかが目視だけではわからないのでノギスやマイクロメーターなどの測定器具を使って測定する必要があります。

「真円」と「楕円」を測定器で測る

特にエンジンのピストンは楕円(だえん)で、ある一定の温度に達すると膨張して真円になりスムーズに回転するように設計されているのです。そんなピストンの仕組みも測定を通じて習得していく必要があるのです。さらに測定器に慣れ親しんでもらうために、授業ではノギスやマイクロメーターなどの測定器を使って紙の厚さを測らせてみるなど、微細な厚みの違いを実践で体感してもらうことも行いました。エンジニアとしての基礎的な知識として知っておかなければならないごく基本的な項目なので、特に生徒皆には理解してもらいたい項目でした。

また、物体（金属）は熱膨張することも同時に学んでいきます。実際に実技の中でも部品をお湯に浸したりガスバーナーであぶったりして部品の膨張を経験していきました。加えて、部品の装着や組み立てにおいて、熱を加えて膨張させたり、冷却して収縮させることで部品を容易・的確に組み立てる方法があることも生徒たちに伝えていきました。

これらの膨張や収縮は目視では確認できないのですが、部品を装着したあとに、部品が常温に戻るとしっかりと部品が固着することも確認してもらいました。

国家試験の実技ではかなりの確率で出題が予想されているのがエンジンの点火のタイミングです。

エンジンには上死点というものがあります。これも理解できない生徒が多くいました。エンジンはピストンがシリンダーの中を上下運動して動作しています。その際にピストンがシリンダーの中でもっとも上に位置しているときにその位置のことを上死点と呼びます。そこからはピストンは逆に下向きに動きだすのです。ピストンの動きが上向きから下向きへと変化するポイントこそが上死点なのです。

しかし、シリンダーの中の混合気がピストンでもっとも圧縮される上死点で点火プラグが着火するのではないということが生徒たちにはなかなか理解できないようでした。実際のエンジンでは上死点のわずかに手前で点火プラグが点火します。これを点火のタイミングと呼ぶのですが、その点火のタイミングの調整もエンジンの調子に大きく影響するのです。そのため自動車整備ではやはり最重要項目のひとつになっているのです。

点火のタイミングがやっかいな理由は、少し遅れるなど規定の位置からズレてしまったとしてもエンジンがかかることも多いことです。しかしそういうときは、エンジンは動いても本来の性能は出ていないのです。いわゆる調子の悪い状態でエンジンが動作しているのです。これでは正しい整備とは言えません。エンジンさえかかればＯＫではないのです。

点火のタイミングの正しい調整方法や、点火のタイミングと点火されて上死点に達する数度の角度で、角度が大きい小さいで敏感にエンジンの性能に影響するという概念を教えていくことは大変難しいことでした。エンジンを分解して組み立てるだけではダメで、エンジンの理論や知識も同時並行して学んでいかなくては、正しいエンジン整備の技術が身についていかないのだと痛感しました。一方ではその両方を同時に学んでいけるのがこの学校の良いところでもあると感じていました。

エンジンの実習ではトラブルシューティングの方法についても実習しました。故障診断には目、耳、鼻、口（味）、熱、触などの五感を駆使して行います。

例えば排気ガスの色や臭いでエンジンの燃焼状態を察知できるようになれますし、エンジン内部から出る金属音でどこの箇所に不具合があるかを推測できるようにもなれます。またエンジンオイルのディップスティックに付いたオイルの色や粘度を知り、時には舐めたり指で滑らせたりして金属粉の混入などの特定ができるようになれます。さらには冷却水の色、錆、油の混入などの診断ができるよう、訓練しました。

さらにほかに予想される実技試験の内容についても順に実習していきました。エンジンの点火順序の確定、ブレーキの分解・組み立て、ジャッキを使ってのタイヤの脱着、ブレーキドラムの脱着と点検、トランスミッションの脱着などです。これらの実技も各生徒に実際にやってもらい、国家試験での実技試験さながらの実習を重ねていき、生徒たちにも自信を持たせられるようにしました。

このように、いくつもの困難がありましたが、生徒たちに理解しにくいことでも何度も何度も根気よく教えていくと、どんどん知識や技術を体得して、目に見えて成長していくのがわかりました。さらに授業が始まってある程度の時間が経って勉強のコツを掴んでくると、その進捗スピードはますます加速していきました。授業が進めば進むほどに生徒たちは皆、頭が良いのがよくわかりました、知識や技術を吸収していく様は、頼もしく感じました。これまで知識や技術がなかったのは単に教育を受ける機会がなかったからであり、生徒一人ひとりは理解力も高く、学習の意欲も高いのです。

一人ひとりの成長ぶりを間近で見ていた私は「すごいな！」と日々感心していました。

◆国家試験の筆記対策にも力を入れる

筆記試験の対策ももちろん行いました。国家試験でどんな問題が出るのか。その傾向はわかりませんでしたが、そのときに、非常に助かったのは日本の教本でした。たまたまタンザニアに行く際に日本の３級自動車整備士の教材を持っていっていたのです。こんな用途で役立つとは思ってもみませんでしたが、この教本を元にして学校での授業を組み立てていくことにしました。

しかし、ここでもうひとつのハードルが言葉の壁でした。教科書を生徒たちが使うスワヒリ語に訳していく必要があるのです。これもかなり苦労しつつ翻訳を実施、さらにはタイプライターを使って私が手づくりしていきました。

座学の様子

座学の内容としてはエンジンの仕組み、クラッチの仕組み、電装系、キャブレターなどの項目を中心に扱いました。生徒たちには各項目の知識はほとんどなかったので、皆で一から勉強して学んでいけるカリキュラムにすることを心がけました。

座学を行う際に私がモットーにしていたのは「言わせて」「書かせて」「覚えさせる」ことでした。ただ教本を読むだけではなく実際に声に出して読むことで耳からも覚えられます。また大切な部分は書いて覚えることもして、知識を自分のものにしていくことが有益だとし、生徒たちに伝えました。反復練習で自動車関連の難しい知識を少しずつ、しかし着実に覚えていけるようにしました。

また、周辺の知識も数多く知っていたほうがもちろんよいでしょう。ひとつが専門用語です。自動車関連には専門用語が多く、英語が用いられることがほとんどです。しかしスワヒリ語に訳してしまうと意味が変わってしまうかもしれません。そこで生徒たちには専門用語はそのまま英語で覚えるように指導しました。

例えばエンジン、タイヤ、ブレーキ、キャブレターなどはその一例です。母国語に訳すことなく、そのまま使って理解していくことは日本でも一般的です。その後の整備の仕事をこなす上でも役立つはずだと考えたのです。

◆魚釣りでたんぱく質を補う

ここで、少し生徒たちとの日々の暮らしについて紹介しておきたいと思います。16名の生徒は皆が寮に住み込んでの1年間の学校生活となりますので、寝食を共にすることになりました。私もそんな生徒と四六時中同じ時間を過ごして交流を深めていきました。

特に1期生との共同生活は今でも思い出に残っています。マタンブェでの食料はトウモロコシやインゲンマメなどが主ですが、月に1回のハンティングで得る獲物が、数少ない動物性たんぱく質の補給になっていました。

しかし、普段はたんぱく質の補給はもっぱら魚でした。マタンブェ技術者養成学校の近くに川や池があったので、空いた時間には生徒と一緒に魚釣りに出かけることも多かったのです。マタンブェには取り立ててレジャーなどがあるわけではないので皆で釣りをしたのは楽しい思い出です。もちろんそこで釣り上げた魚は皆の食卓に上がっておいしくいただきました。ときには魚のアミも使いました。

魚釣りは年間を通じて実施しましたが、季節によってさまざまな条件が変化しました。そのひとつが乾期です。乾期は近くの川が干上がっていくつかの池に分離されるのです。底に取り残された魚を釣り上げることが容易になることもありました。こうして、不足する動物性のたんぱく質を生徒たちと共に釣った魚で補っていたのです。

さらに料理などで用いるマキを生徒たちと拾い集めたという思い出もあります。自給自足の生活の中、マキがなければ火もおこせず料理もできないので、マキ集めも非常に重要な仕事でした。

食事作りは生徒たちの当番制にしていました。皆が順に料理を作って全員で食事を摂ります。生徒は16名なので、全員がひとつのことをやっていくにはそれほど難しい人数ではなかったことも、共同生活も楽しめた点だと思っています。

寮では、平日も休日もほとんど変わりなく勉強したり、実技の課題をこなしたりしていました。まさに1年間はみっちり自動車整備の勉強漬けの日々が続いたのです。そこに私も加わって指導を続けました。ここまで毎日共同生活が続くと当然なのかもしれませんが、どんどん皆の絆が深まって仲間意識が非常に強くなっていきました。

いつの頃からか、生徒たちは私のことを敬意を表して「ムワリム（先生）」と呼んでくれるようになっていました。「ムワリム」という言葉はタンザニアでは先生を表す言葉の中でも特別な敬称で、特に敬う人に向けて使う単語であり、タンザニアでは国民皆が敬愛している初代大統領もムワリムと呼ばれていました。このエピソードからも、この呼称がいかにタンザニアの人々にとって特別な言葉なのかがわかってもらえると思います。私も親身になって生徒に接したからこそ「ムワリム」と呼んでもらえるようになったのだと誇らしく思っています。

◆国家試験の合格率で飛び抜けた好成績をあげる

そんな共同生活を続けて1年の間、実技、筆記とみっちりと生徒たちは勉強して腕を磨いていきました。基礎的なことはもちろん自動車整備の多くのことを身につけた1年となったのです。そしていよいよ翌年の7月には自動車整備士の国家試験が実施されることになりました。生徒たち16名にとって1年間の成果を試すときがやって来たのです。

祈るような気持ちで生徒たちを送りだした私でしたが、なんと結果は16名中8名が合格したのです。これには皆が喜んだのでした。

ところで、自動車整備士の養成学校は職業訓練所としてタンザニアには各地に複数あります。国家試験の合格者は一般公開されていたので、どこの技術者養成学校が何名合格したかが誰でもわかる仕組みになっていました。全国の自動車整備士養成の学校での国家試験合格率は30％程度でした。その中にあって、マタンブェ技術者養成学校の合格率は先にも紹介したとおりの合格率です。つまりは50％。この成績は全国でも飛び抜けて高いものだったのです。

合格者は一般に公開されていたので、マタンブェ技術者養成学校の、この高い合格率は全国的にも評判になりました。全国で自動車整備士を志す若者からも注目される存在になったのです。

ところで、1期生の授業のカリキュラムを作る際に苦労した「国家試験ではどんな問題が出るのか?」「実技試験はどんな課題が課せられるのか?」については1回目の試験を受けた1期生の生徒たちからの報告があったため、多くの部分が明らかになっていきました。これは2年目以降の授業でも生かせるところだと感じていたのです。

具体的には、ブレーキ関連とエンジンの実技が出たとのことでした。このあたりは私が実技の講習を組む際に事前に予想していたものでした。

さらに筆記試験に関しても生徒たちからの聞き取りでは「ほとんど学校で学んだことばかり出題された」とのことでした。こちらも日本の自動車整備士に関する教本の内容をある程度盛り込んで授業のカリキュラムを作ったのは間違いではなかったのだと確信しました。暗中模索で始まった養成学校のカリキュラムでしたが、結果として効果的な勉強と実技訓練ができていたと胸をなで下ろしたのでした。

こうして1期生の1年間は終わりました。国家試験の合格者はそれぞれの地元に戻って自動車整備の仕事に就きました。タンザニアの自動車整備士の育成に私も微力ながら協力できているという実感もわいてきたのでした。

◆全国でも有数の高い合格率で注目を浴びる

生徒たちの合格率がタンザニア国内で評判となったこともあって、2年目はさらに生徒の応募数が増えました。

また1年目は定員オーバーになって入学できなかった者たちも2年目に引き続き応募してきました。

1年目同様に私がセスナに乗って各キャンプ地に出向いて応募者を面接するというスタイルは引き続き実施することにしました。また、募集するキャンプ地も1年目よりも増やして、より幅広い地域から生徒を集めることにしました。

1年目でカリキュラム作りはある程度形になりました。しかも1年目の生徒たちからのフィードバックもあり、より精度の高い授業のカリキュラムができ上がっていったのでした。その甲斐もあって授業の内容は2年目以降もますます濃く的確になっていったのだと思います。

2年目以降も数多くの合格者を輩出することになりました。結果的には私が学校を運営した3年間で合計38名の国家試験合格者を輩出しました。

しかし3年間でいったん私の任務は終了することになります。この時点ですでに派遣9年目となっていた私は、ＪＩＣＡから「帰国するように」と促され、野生動物局にその旨を報告しました。

私にはそれほど長い時間とは思えなくても、ＪＩＣＡの組織にとっては9年間はあまりにも長すぎるということだったのでしょう。こうして、タンザニアでの充実した活動、学校運営等の生活は終わりを告げ、私は9年間の任期を終え、日本へと帰ることになりました。

学校を運営して生徒たちに自動車整備の技術や理論、仕組みなどを教えた3年間。私自身もいろいろなことを学んだ期間でした。その中でタンザニアの人々に教えられたことで特に印象に残っているのがタンザニアのことわざです。

「学ぶに終わりはない（Elimu haina mwisho）」

私はこの言葉には衝撃を受けました。タンザニアの人々の学ぶ姿は本当にすごいと思ったのでした。

◆マタンブェ技術者養成学校の卒業生たち

卒業生はその後各地で活躍したと聞いています。1期生の中でも出世頭になったのがMpegaさんとMgusiさんの2人です。2人はセルース野生動物保護区の首都ダル・エス・サラームの大きな整備工場の自動車整備工場のリーダー的存在として働いていて、抜きんでた働きを見せていたのです。

Mpegaさんは初年度の国家試験には不合格となったのですが、次年度までに努力して見事合格し、その後すばらしい技術者へと成長し、のちにダル・エス・サラームの天然資源観光省にある大きな自動車整備工場の責任者として抜擢されるまで出世していきました。域内にある多くの故障車を高い技術力で救済していったのです。

またMgusiさんは初年度に国家試験（グレード3）に合格すると次年度にはさらに上の資格となるグレード2に合格しました。学校にいるときから非常に勤勉な青年だったMgusiさんは、時間があれば常に教室に残って自習していたのが今でも思い出されます。

Mr.R.Mpega（1970年代半ば撮影）

左がMr.Mgusi。真ん中はMpega氏の息子さん（2015年撮影）

２０１５年の写真は三十数年後に私がタンザニアに出張して再会した時のものです。Mpega氏はこの時はもうこの世の人ではありませんでした。近くに息子さんが住んでいるというので、呼んで写真を撮った時にMpega氏が亡くなったと聞きました。息子さんとは3、４歳の時に会った時以来です。Mpegaさんの後任の責任者としてMgusiさんが勤務しているのを知って、非常に感慨深かったです。

アフリカで出会った野生動物

◆その11　ゾウ

ゾウには墓場があるといううわさが昔からあります。しかし、実際にサバンナをクルマであちこち走っていると気づくのですが、サバンナの真ん中にも象牙は落ちていることがあります。

このことからもゾウは1箇所に集まって死ぬというのは都市伝説なのだということがわかります。ゾウも死ぬときはあちこちで死んでいくのです。

ほかにもゾウの思い出があります。以前キャンプ地の近くを走っていた鉄道で数頭のゾウが轢(ひ)かれて死んだことがありました。現地のスタッフに聞いてわかったのですが、そこは以前からゾウの通り道になっていた場所だったようです。そこに鉄道が敷設されたのでゾウはいつもどおりに道を歩いていただけだったのかもしれません。そしてたまたま横断中に列車が通りかかってしまったのでしょう。

第6章

個別専門家として再びタンザニアへ

◆タンザニアから帰国後も世界への派遣が続く

こうして9年間にもわたるタンザニアでの活動にいったん区切りを付けて帰国した私でしたが、その後もＪＩＣＡから世界の各地に派遣され、いろいろな地域で活動していきました。

タンザニアのあとは、ザンビア、ボツワナ、さらにはパプアニューギニアやセネガル、パキスタンなどにも活動の場を広げていきました。アフリカだけではなく、世界の各地で持てる技術を伝えていく活動を続けていったのでした。

また、その頃になると日本でのＪＩＣＡの仕事も徐々に増えていきました。タンザニアから帰国したときには日本国内にあるＪＩＣＡの訓練所の訓練協員にも任命されました。私が訓練を受けた頃は東京・広尾に訓練所があったのですが、その後は訓練所の数も増え、長野の駒ヶ根、福島の二本松などにも訓練所が設立されていたのです。

そこで海外での経験を積んだ指導者が必要とされ、私も訓練所の訓練協員として働くことになりました。そこではスワヒリ語などの現地での言葉についての講習や、さらには日本では想像できない、海外での生活習慣や生活環境について、タンザニアなどで実践してきたいろいろな経験を交えて後輩たちに伝えていきました。

さらにＪＩＣＡのスタッフとして働くことも多くなりました。ザンビアにはＪＩＣＡの現地スタッフとして行くことになりました。そこでの仕事は日本からザンビアにやって来た青年海外協力隊の若者たちを案内したり、現地での指導を行ったりする仕事でした。

その頃、私の家は首都のルサカにあり、調査で来ていた日本の大学教授や隊員たちを家に招くこともありました。ビール専用の冷蔵庫もありましたし、食事をよくふるまいました。これも現地では数少ない楽しい時間でした。世界各地に派遣されてきたスタッフと、各国の話を聞いたり話したりするのが好きでした。隊員はそれぞれが別の派遣の経歴を持っているので、私の知らない世界の国々の話が聞けるのです。

また現地事務所の経理などの事務仕事を担当したことがありました。それまでは経験がなく、慣れない仕事でなかなか苦労したのですが、私の性格上、任された仕事はとことんやりきるという面が強かったので、経理の仕事でもかなり細かいところまできっちりとやりきったと思っています。

そんなＪＩＣＡの現地スタッフの仕事の楽しみのひとつが、日本からやって来た若者たちと交流することでした。志を同じにして日本からやって来る若者に会うのは本当に楽しかったのです。また海外経験で得たさまざまな知識を後輩たちに教えていくのもとても楽しい時間になりました。時期は違えど同じ釜のメシを食った仲間です。

また、全国各地の任地に派遣されている隊員に会いに行くという仕事もありました。日本人が誰もいない地域で、たった一人で活動している隊員ですから、私が任地に訪れると喜んでくれました。ここでの各隊員との交流も忘れられない経験になりました。

そんな各地の任地にはクルマで行くのですが、一般的には現地のドライバーを付けて移動し、万が一のトラブルの際もスタッフが同行してくれます。ただ、私の場合は「イナミなら自分で修理ができるだろう」ということで、クルマの運転からメンテナンスや修理までを含めて、私自身が行うことが許されました。

ＪＩＣＡのスタッフとしての活動は楽しくやりがいのあるものでしたが、状況によっては〝何かが違う〟と自問自答したこともありました。長い時間かかって気づいたことは、私は「現場で働くのが好きだ」ということでした。機械整備の仕事がしたい、自分の技術を生かせる場に行きたいと思って、再び自分ができる仕事を探し求めることになっていくのです。

◆個別専門家としてンゴロンゴロへ

ここまで紹介してきたとおり、私は１９７２年に始まって、１９８１年までの９年間を青年海外協力隊員としてタンザニアで活動しました。いったん帰国したあと、さらにさまざまな地域への派遣を経験し、さらにはＪＩＣＡのスタッフとしても働いていました。

その後、私はＪＩＣＡの個別専門家になります。ＪＩＣＡで募集があったので応募したのです。個別専門家としての名目にはさまざまなものがありましたが、私が応募したのは「機械整備」「自動車整備」です。あらためて自分の技術を生かせる場はそこなのだと思いました。

そしてちょうどＪＩＣＡではアフリカに行って総合的に機械を整備して修理できる人材を探していたようで、私は適任だったというわけです。タンザニアでの経験もある、しかも自動車整備の現地での活動履歴もある、機械のことは全般がわかる、さらにはマタンブェの養成学校の件もあり人材育成にも長けていると見られたのです。

「イナミ君、この業務をやってくれないか」とオファーを受け、もちろん私は快諾したのです。

こうしてタンザニアから戻って約14年、思い出も多い懐かしいタンザニアの地に再び2年間派遣されることが決まり、胸が高鳴りました。１９９５年のことです。

◆第二の故郷、タンザニアに戻る

タンザニアには9年間住んでいたこともあって、いわば第二の故郷のような存在でした。しかし、今回の派遣では機械整備の個別専門家として行くことは聞いていたものの、JICAのほうでは具体的に実施する業務の内容を定めていなかったのです。とにかく派遣先に行ってそこで不足するもの、必要とされる機械整備をこなしていく、ということでした。

タンザニアに着くと現地のスタッフなどを集めたパーティが催されました。これは私のためのものではなく、タイミングよくあったということです。そこにはかつての仲間や関係者なども多数やって来て「イナミがタンザニアに戻ってきた」と皆が歓迎してくれました。久しぶりに再会した皆さんと旧交を温めていると、そこにやって来たのが「ンゴロンゴロ保全地区」の業務でした。ンゴロンゴロに居を構え、セレンゲティ国立公園およびバッファゾーン（緩衝地帯）の３地区を任されたのです。

話してみると、その責任者も以前私がタンザニアに派遣されているとき、一緒に働いたことがある知り合いのスタッフだったことがわかりました。そんな経緯もあったためすぐに打ち解けて現地での業務の話になりました。すると「ぜひうちの地区に来てくれないか」と誘われたのです。当時のンゴロンゴロ保全地区はガレージも傷んでおり、自動車整備の環境は満足に整っていなかったのです。また工具や整備設備も新たに環境を整えてレベルの高い自動車整備を実施していきたいというのです。私は求めていた仕事はすべてここにあると感じ、すぐに受けることにしました。これで、タンザニアでの私の個別専門家としての業務内容が具体的になっていきました。

ンゴロンゴロ保全地区はタンザニアの国家が半官半民で管理している地域で、マサイ族と共存するために設けられた特別なエリアです。ユネスコの世界複合遺産でもあり、同じくユネスコ世界自然遺産のセレンゲティ国立公園に隣接する地域でした。

さらにセレンゲティ国立公園の周辺には一般地区との境目にバッファゾーンが設けられ

ンゴロンゴロ保全地区での同僚たちと

ています。そこで私は立食パーティの中で「ンゴロンゴロ保全地区、セレンゲティ国立公園、さらに周辺のバッファゾーンも含めて活動できるようなスタイルで活動させてほしい」と依頼し、これがＪＩＣＡにもタンザニアにも認められたのでした。

ンゴロンゴロ保全地区では同地の管理事務所が所有しているロッジを宿として準備してもらい、ここを拠点に活動をはじめました。活動範囲は東側にあたるンゴロンゴロ保全地区からセレンゲティ国立公園を横断して西側にあるセレンゲティ地域保存計画地までの直線１５０キロの広大なエリアです。

現地での業務は希望どおり「機械整備」

です。各機関が有する車両を中心とした、機械の保守、整備、建設、リノベーション、人材育成などが主な任務です。これらを現地のそれぞれの機関に所属するスタッフと協力して行っていきます。

◆ンゴロンゴロ保全地区とはどんなところ？

ここであらためて私が派遣され業務の中心となったンゴロンゴロ保全地区などについて紹介しておきましょう。ンゴロンゴロ保全地区は野生動物が生息する中で人間（マサイ族）と野生動物が共存するタンザニア唯一の保全地区です。

ンゴロンゴロ保全地区には直径16～19キロ、深さ600メートルのクレーターがあります。ここは国内、国外から多くの観光客を集める一大観光資源になっていました。クレーターの内部には湖や湿地帯があり、野生動物にとって快適に過ごせる環境のエリアなのです。しかも外輪山は急峻で海抜2400メートル程ある山で、クレーターの中に住む野生動物はあまり外に出ることなく、クレーターの中で一生を過ごすことも多いといいます。

クレーターの縁にあたる場所には高級観光ホテルが建っています。ホテルからはンゴロンゴロのクレーターが眼下に一望できるという素晴らしい環境のホテルです。

しかし水場はクレーターの底にありました。ここに野生動物が集まる水場もあったのです。クレーターの上にあるホテル周辺で水を利用するには揚水用のポンプが必要になります。クレーターの底から水をくみ上げるのです。さらにそれを動かすためには発電機、ポンプが必要です。急峻な崖の途中に揚水ポンプ小屋が2箇所ありました。この小屋の中に設置してあるエンジン、配水管、関連部品などの点検や保守を行うのが、ンゴロンゴロでの最初の仕事でした。

そこで外輪山の縁にあるバックヤードを定宿として作業を開始し、ここで2年間の作業を実施していくことになったのです。

ほかにもンゴロンゴロ保全地区の車両（四輪駆動車、大型バス、トラック、建設機械）を中心に、ディーゼル発電機、揚水ポンプ、トウモロコシの粉砕器など、ありとあらゆる機械類の保守、整備、管理、指導などを始めたのです。

◆ンゴロンゴロの自動車整備工場のリノベーション

ンゴロンゴロ保全地区には自動車整備工場がありましたが、かなり老朽化が進んでおり、まともに使える部分はあまりありませんでした。そこで自動車整備工場のリノベーションを任されることになりました。

リノベーションは床、柱、ピットの改修など多岐にわたっていました。さらに自動車整備をする上で必要だと思う設備を追加することもしました。作業の効率化を考えると作業台や部品や工具類などを整理するための設備などが必要だと考えたのです。これも長年整備士として培った私の経験を生かしたものだったのです。

最初に取りかかったのは工場の床全体を掘り起こして測量し、石ころ、砂をまいて測量レベルで水平を出した上で新たにコンクリートを敷設するという方法です。同時にピットの補修工事も行っていきました。

しかし工事で大量に必要になるコンクリートを作るのに、現地には工事用小型コンクリートミキサがなかったので、手作業でセメント、砂、水を混ぜてコンクリートを作るしかありませんでした。

ンゴロンゴロ保全地区の自動車整備工場の作業台や各種工具、車両部品などの管理用金属棚を作成するために、電気溶接の技術移転も実施しました。電気溶接機はあるのですが現地のスタッフはほとんど溶接機を使ったことがなく、溶接ができる人材はほとんどいませんでした。そこで、溶接の手法を皆に教えていくことにしたのです。溶接は鉄を溶かすほどの高熱を発するため危険を伴う作業です。注意すべき点も多く基本的な作業手法について細かく手ほどきしてスタッフに習得させていきました。現場で教えたのはアーク溶接でした。基礎的な作業を憶えれば、あとは熟練とセンスが必要になります。

こうしてスタッフは作業台や部品保管の棚などを次々と作っていくことになります。アーク溶接を実施してペンキを塗って仕上げるという作業をひたすら続けるスタッフは溶接の熟練度も急速に上がっていったのでした。

◆バッファゾーンでのガレージ建設に従事する

タンザニアは1990年代に地域保全プロジェクト（セレンゲティ地域保存計画）を開

始しました。セレンゲティ国立公園とそこに隣接する地域社会との間にバッファゾーンを設けて、野生動物の被害を食い止める緩衝地帯としたのです。そこでは天然資源の管理や密猟対策などの業務を担っていました。しかし、新しくできた地域だったこともあり各種施設の整備が進んでいませんでした。特に管理事務所にはその任務遂行に欠かせない機動力となる車両の整備工場兼車両保管場所がありませんでした。そこで私はこの地域にクルマを保管し整備するためのガレージを作ることを依頼されます。ガレージを新設するために場所の設定から測量、施工、監督を任されることになりました。

最初に取りかかったのはガレージ建設に設定した場所での基礎作りです。建設現場は草原だったため傾斜地になっており、そのままではガレージ建設ができないことがわかったので高低差をなくす水平出しが必要になりました。多くの土砂を搬入して整地していきます。

その上で基礎などに用いるためのブロックを自らで作っていきます。用いたのは簡易ブロックです。

車両整備工場兼保管場所には車両などの重量物が出入りするため基礎工事は非常に大切になります。

さらに車両の下回りを点検するのに欠かせないのがピットです。日本ではリフトを使って車両を持ち上げ、下からクルマを点検することができるのですが、現地ではリフトがないため地面に穴を掘ってピットを設置する必要がありました。

ピットは最初に穴を掘って、ブロックで型枠を成形し、上部を鉄筋（アングル）で型崩れの防止を施した上でコンクリートを流し込んで作りました。強固な基礎を作るためにブロックで型枠を作りその間にコンクリートを流す方法を採ったのです。

さらに建物の柱の立ち上げも実施しました。現地には十分な木材がないため基礎部分は型枠にブロックを積み上げてコンクリートを流し込みます。しかし柱を作る際にはこの方法では必要以上に太く大きくなるため、最小限の木材を使って型枠を作り、鉄筋を入れてコンクリートを流し入れる工法を採りました。地上で混ぜたコンクリートを手渡しで柱の上部に持ち上げ、柱の型枠の上から流し込むのです。

このような作業を通じて、クルマ5台分のピットを備えた車両整備工場兼保管場所ができ上がりました。ピットに加えて倉庫もあるというかなり大規模なガレージが完成したのです。2年の歳月をかけて完成させた大きな建設工事となりました。建設途中にはタンザ

測量。土台を水平にするため多くの土砂を運搬することに

ならし作業。型枠にコンクリートを流し込む

ニアの当時の大統領が訪れるなど、国をあげての大きなプロジェクトになっていたのです。しかし個別専門家での派遣は2年間と決まっていたこともあり、建設の途中で契約が切れ、私はガレージ全体の完成までは見届けることはできませんでした。後ろ髪を引かれる思いで現場を離れて帰国することになりましたが、一定の道筋は付けたので、あとは現地のスタッフにすべてを託して帰国したのでした。

◆セスナ機の格納庫を手がける!?

ここで少しンゴロンゴロ保全地区に派遣された際の周辺のエピソードについても紹介していこうと思います。ンゴロンゴロのガレージのリノベーションやバッファゾーンでの車両の整備工場兼車両保管場所の建設など、個別専門家としては2年の間に大きなプロジェクトを2つ手がけたのですが、ンゴロンゴロにいる間には、そのほかにもさまざまな依頼が私のところにやって来ました。

そのひとつが「セスナ機の格納庫を作ってほしい」というものでした。しかし車両の保管庫とはことなり、翼が大きなセスナ機は格納庫もかなり大がかりなものにならざるを得ません。もちろん大きな屋根を支えるための仕組みも必要ですし、飛行機をそのまま収められる広い空間を持たせる構造を作る必要がありました。

最大のネックは資材の不足です。既存の資材を使っただけでは飛行機の格納庫に見合う構造やサイズの建設は難しいのです。なんとか今ある資材で建設できないものかといろいろな工夫を考えて試してもみたのですが、さすがに残りの任期も考え難しいことがわかり断念しました。

もちろんンゴロンゴロ保全地区ではクルマの修理や整備も手がけました。これは以前からずっと私が手がけていたことだったのでまわりのスタッフもよく知っていて、ことあるごとに修理の依頼が舞い込んできました。スタッフが域内で運用しているクルマやバスが運行中に故障することも少なくなかったのです。そんなときにはレスキューの依頼がやって来ますので、急いで現地まで行ってその場で修理することも日常茶飯事でした。現地に赴く際にはその場で修理ができるように、想定される故障に見合った工具やパーツを持って行って対応しました。そんな予測がつくようになっていたのもタンザニアでの生活が長く、路上でのクルマの修理を数多くこなしてきたからだったでしょう。しかし、路上で故障したクルマの修理をする場合は設備も何もないため、手持ちの工具だけでなんとかしないといけません。これは作業としても難しく最後まで大変でした。

◆マサイ族との思い出

ンゴロンゴロ保全地区には数多くのスタッフが働いていました。その中で思い出に残っている人物が何名かいましたが、その一人がマサイ族のスタッフでした。すごく頭の良いスタッフだったことから気になっていたのですが、話してみるとマサイ族だったのです。それがきっかけでマサイ族の優秀さを感じました。

ンゴロンゴロ保全地区の中にはあちこちにマサイ族の居留地区がありました。私はその居留地を訪れることも多く、マサイ族からもいろいろな相談を受けました。例えば「トウモロコシを砕いてウガリを作る粉砕器が壊れてしまって困っている」という相談を受けたことがありました。

「これがないとウガリが作れないからなんとか直せないか?」

とのことでした。粉砕器の構造はそれほど難しくなく、故障箇所もすぐに見つかって程なく修理をしました。これもマサイ族との交流には役立ったと思っています。

マサイ族はタンザニアの主な言語であるスワヒリ語を使わず、独自の言語を持っている人々です。ンゴロンゴロ保全地区はそんなマサイ族と共存することをひとつの目的とした地域なので私も積極的に交流を深めたのです。

先にも紹介したのですがンゴロンゴロ保全地区にあるクレーターの周辺にマサイ族は住んでいました。しかし元々マサイ族はクレーターの底にある水場の近くに住んでいたのです。

しかし前述のようにクレーターを観光利用することにしたタンザニアでは、マサイ族を強制的に移住させ、クレーターの上に居留地を作って住まわせました。だからこそ、ンゴロンゴロ保全地区ではマサイ族との共存が大切になるのです。

◆その12　ゾウ（再び）

キャンプ地にテントを敷設しているとゾウが通りかかかることがあります。テントには周りに何本もの引き綱があるのですが、そんなテントの間をすり抜けるようにしてゾウは歩いていきます。紐に引っかかるゾウは不思議なほどいません。

またテントを張った場所がたまたまゾウの食事場所だったことがあります。朝起きてテントから顔を出したら目の前でゾウが草を食べていたのです。そんなときでもゾウは巧みにテントの紐を足に引っかけないように歩いていました。

サバンナではよく見かけるゾウですが、意外に目は良くないようです。しかしあの長い鼻は異常に利くようです。匂いには非常に敏感で、ゾウの風上には立つなと現地のスタッフからは教えられていました。

逆に風下からゾウに近づくとまったくこちらに気づかないこともあります。あるとき、ゾウが本当に気づいていないのかを試したくて、そっと風下から近づきました。

ゾウは気づかず、私はそっとゾウの尻を触ることができました（若気の至り）。

◆その13　ツェツェバエ

ツェツェバエというハエがアフリカにはたくさんいます。キャンプ地やサバンナなど、私たちの生活圏にはどこにでもいるのですが、実はこのハエは怖い虫なのです。ツェツェバエは人間を刺します。刺された人間は最悪の場合にはアフリカ眠り病に感染するリスクがあります。ツェツェバエに刺されて熱が出るとかなり危険で、すぐに精密検査をする必要があります。発熱に関してはマラリアとも勘違いされがちですが、眠り病のほうがはるかに危険なので注意しなければいけません。

ツェツエバエはマメ科の樹木であるミオンボの林に多く住んでいます。このハエは昼間に行動しますので、人間がミオンボの林に行く際には、常に身体を木の枝などで払って虫を身体に近づけないように気をつける必要がありました。

第7章

日本に戻ってからも技術を生かす

◆日本に戻ってから新生活が始まる

こうして2年間にわたるンゴロンゴロ保全地区での派遣生活は終わりました。契約が終了すると私は日本へと戻ることになりました。当時住んでいた鹿児島に戻ってそこであたらしい生活をはじめることにしたのです。

しかし、鹿児島で何をやって暮らしていくのかは少し考えました。日本を出るときにやっていた自動車整備の仕事に再び戻って働くことは考えませんでした。

その第一の理由は当時の自動車整備士が私にとって面白くない仕事になっていたからでした。最初に青年海外協力隊に応募してアフリカへ派遣される頃にもすでにその傾向はあったのですが、日本での自動車整備士の仕事は車検整備がメインになっていました。決められたことを毎日こなす仕事に、私は魅力を感じないのです。自らのアイデアで整備や修理をすること、そんな職人的な働き方が私には向いていると思ったのです。

そこで私が興味を持ってやってみたいと思ったのが寿司職人でした。意外に思えるかもしれませんが、職人として技術を身につけていくというスタンスは自動車整備士も同じだと思ったのです。

今思うとタンザニアにいるときにもその片鱗（へんりん）があったのだと感じます。タンザニアでは自分たちで食事を作ることは当たり前のことでした。海に近い地域に用事で出張したときにはいろいろな種類の魚が手に入りました。特別な日にはそんな魚を海の近くの市場で買ってきて料理しました。日本流の料理を作って振る舞ったこともありました。するとめずらしかったのか、刺身にしたり、現地のスタッフ（協力隊の仲間の日本人スタッフ）はたいそう喜んで食べてくれました。それがきっかけになって料理して振る舞うことの楽しさや醍醐味を覚えたのかもしれません。

得意だった刺身に加えて、途中からはバリエーションとしてにぎり寿司も作るようになりました。生魚を握って食べる文化はもちろんタンザニアにはありませんでした。しかしタンザニアにはウガリを手で握って食べる食文化があります。食物を握って食べるという意味では共通点があったのではないかと思います。

にぎり寿司は現地のスタッフにもすぐに受け入れられて、いつの間にか人気の食べ物になっていました。

私は考えた末に本格的に寿司職人の修業をはじめることにしたのです。

しかし、当時そこそこ歳も重ねていた私は、職人に弟子入りして丁稚（でっち）奉公からはじめるという年齢ではありませんでした。そのため、とりあえず技術を最短で身につけられる道を探したのです。それが東京にあった寿司職人の学校でした。

すぐに就学し、ひととおりの技術を学んだ上で、私はまた鹿児島に戻りました。幸いにもすぐに仕事が見つかりました。予想どおりに楽しい仕事で、寿司の技術も日に日に向上していき、すぐにひとつの店舗を任される雇われの店長まで務めることになったのです。

私は海外で寿司職人として働きたいというよりは、寿司とはなんぞやということと確かな技を伝えていきたかったのですが、多くの国に伝道人としての履歴書を送りましたが、ビザの問題や高齢ということもあって、断念することになりました。

◆震災後、ボランティアに赴く

寿司職人を経験したあとは、再びＪＩＣＡでの活動に戻っていくことになりました。ボツワナ、パプアニューギニア、ザンビアへの派遣を経験しています。

２０１１年１月、私はザンビアから帰国しました。春からまたどこかの国に行こうとしていたその矢先、東日本大震災が起こりました。私はすぐに被災地に向かおうとしましたが、東北自動車道は寸断されていました。1週間くらい経って道がつながったことを知った私は、夜行バスで福岡→大阪→東京→青森まで行き、実家の様子を見てきたあと、3月末に仙台に着きます。仙台では泥出しをしました。そのうち同じく協力隊のOBたち20人ほどとつながるようになり、宮城県石巻市渡波（わたのは）で炊き出しを始めました。学校の下駄箱のスペースに鍋を置いて配るのですが、多くの人がそこに並び、また現地の人たち自身も炊き出しを手伝ってくれました。人がいなくなるまで10月末まで続けていたこの時間も人生の中で忘れることができない日々です。

その後は、またセネガルなどの海外に行きはじめ、2019年に今度はパキスタンから日本に戻ってきました。現時点ではこれが最後のJICAからの派遣となっています。このときに69歳になっていた私にとって、海外への派遣は最後なのかもしれません。

◆シルバー人材センターで技術を生かす道を見つける

帰国後は再び次の職探しをはじめました。最初にハローワークに行ってみたのですが、当初は年金暮らしをしながら働くことは難しいのかとも思っていましたが、ハローワークの担当者が親身になって相談に乗ってくれて、私の思いも理解してくれました。その上で紹介されたのがシルバー人材センターでした。

どんな仕事をするのか予備知識はあまりなかったものの、すぐに行ってみることにしました。すると想像以上に面白い仕事だったのです。

具体的には高齢者の家を清掃したり修理したりするのが主な仕事です。大工や左官などの作業をするのですが、私はこれまでの経験で家の中のことはだいたいできてしまうので、よく喜んでいただきます。

高齢者の家なので家具の移動なども手伝います。役に立っていることを実感できる仕事なのも良いところです。今もこの仕事を続けているのはそんなやりがいや楽しさがあるからなのだと思っています。高齢者のおじいちゃんおばあちゃん方たちとお話しするのも楽しい時間になりました。

おわりに

23歳から始まったＪＩＣＡでの活動ですが、これほど長く世界の各地で求められる人材になるとは当初は思ってもみませんでした。しかし、私が持つ技術を少しでも多くの人々に知って欲しい、伝えていきたいという思いは伝わったのではないかと思っています。

ものを作ることや修理すること、機械いじりなどが大好きだった私には、ＪＩＣＡでの自動車整備の仕事や自動車整備士養成の学校建設、さらにはアフリカでの自動車整備工場の建設やリノベーションは楽しくやりがいのある仕事でした。日本で自動車整備士を続けていては味わえなかった得がたい経験を各所でさせてもらったと思っています。

血気盛んな20代からアフリカの人たちと一緒に過ごせたことは幸運だったと思います。現地の人々との交流も深く、多くの教え子もできるなど、私にとってタンザニアは第二の故郷と言っても良いほどの土地になりました。これまでの人生を振り返るとなんと豊かな道のりだったことかと感慨深いものがあるのです。

私が仕事をする上で常に守ってきたのは「できません」と言わないことでした。やったことがないことでも何でもやってみよう、そして努力して経験を重ねれば必ずできるはずだと思ってきました。

事実、アフリカでも日本でも常にチャレンジを続け、やり遂げてきたと自負しています。今思い返すと、「できません」と言わないことが私のバイタリティにつながっていたのです。こうして振り返ってみると何にでもチャレンジして工夫してやり遂げることの楽しさや醍醐味を味わい続ける人生だったのかもしれません。

ＪＩＣＡの人々、協力隊のスタッフの皆さん、派遣先で関わったすべての人々、ここまで私を支えてくれた皆さんに感謝します。

ＪＩＣＡの活動を通じていろいろなことを学び成長した日々でした。これからも今私に与えられた仕事を精一杯行って、私の持てる技術を役立てて行きたいと思っています。

最後に、あらためてタンザニアの人々に教わったことわざを紹介したいと思います。

「学ぶに終わりはない（Elimu haina mwisho）」

私自身も実践していこうと思っています。

了

著者プロフィール

稲見 廣政（いなみ ひろまさ）

1949（昭和 24）年 8 月 5 日生まれ。青森県出身。

北海道自動車短期大学自動車工業科Ⅱ部（現：北海道科学大学）卒業。

学生時代から、6 年半自動車整備工場で自動車整備士として働く。

その後、JICA 青年海外協力隊、在外 JICA 事務所調査員、シニア海外ボランティア、JICA 専門家として、タンザニア（2 度）、ザンビア（3 度）、ボツワナ、パプアニューギニア、セネガル、パキスタンに派遣される。

そのほか、JICA 青年海外協力隊訓練所（広尾／代々木／駒ケ根）に訓練協力員として勤務する。
・2 級自動車整備士
・職業訓練指導員（自動車整備）
・危険物取扱主任者乙種
・JICA 第 7 回理事長賞
鹿児島県在住。

タンザニア滞在記 JICA 海外協力隊としてアフリカに赴く

2023年12月15日　初版第 1 刷発行

著　者　稲見 廣政
発行者　瓜谷 綱延
発行所　株式会社文芸社
〒160-0022 東京都新宿区新宿1－10－1
電話 03-5369-3060（代表）
03-5369-2299（販売）

印刷所　株式会社フクイン

ISBN978-4-286-24424-2